记忆的轮廓

——乡土聚落与传统城镇的空间意象

钱 云 肖 江 刘景伟 著

中国建设科技出版社

北 京

图书在版编目（CIP）数据

记忆的轮廓：乡土聚落与传统城镇的空间意象 / 钱云，肖江，刘景伟著 . -- 北京：中国建设科技出版社，2025.1. -- ISBN 978-7-5160-4284-7

Ⅰ . TU-881.2

中国国家版本馆 CIP 数据核字第 20242U311M 号

内容提要

本书构建了一个面向乡土聚落和传统城镇的集体记忆及空间意象的系统性研究框架，深入分析了多个地域典型案例的空间形态、功能、符号和氛围，探讨了文化因素与空间意象形成及变迁的互动关系，揭示了乡土聚落和传统城镇的空间意象认知机制，以及在当代社会变迁中的演变规律。本书展现了集体记忆对空间认知和价值传承的重要性，并为乡土文化空间和场所的保护与更新提供了新视角、新思路和有针对性的实践指导。

本书适合国土与城乡规划、风景园林、建筑设计、社会学、遗产保护管理研究等领域的专家、学者和学生，以及对乡土文化和传统城镇保护与发展感兴趣的广大读者阅读参考。

记忆的轮廓——乡土聚落与传统城镇的空间意象

JIYI DE LUNKUO——XIANGTU JULUO YU CHUANTONG CHENGZHEN DE KONGJIAN YIXIANG

钱 云 肖 江 刘景伟 著

出版发行：中国建设科技出版社
地　　址：北京市西城区白纸坊东街 2 号院 6 号楼
邮政编码：100054
经　　销：全国各地新华书店
印　　刷：北京印刷集团有限责任公司
开　　本：710mm×1000mm　1/16
印　　张：13
字　　数：200 千字
版　　次：2025 年 1 月第 1 版
印　　次：2025 年 1 月第 1 次
定　　价：68.00 元

序　言

　　乡村振兴战略是新时代新征程党和国家的重大决策部署，是涵盖了确保国家粮食安全、提升乡村产业发展水平、提升乡村建设水平、提升乡村治理水平等多方面工作的系统工程。作为在乡村规划和人居环境建设领域工作多年的亲历者，我深刻体会到乡村振兴战略，为城乡规划学科及人居环境相关专业人才培养开辟了新的发展机遇与广阔舞台，也为学科的长远发展注入了新的动力。

　　北京林业大学是乡村建设高校联盟的首批重要成员，"乡见"团队成立多年，长期与清华大学及各地院校紧密携手，通过持续性地调研、设计、营造与科普实践，积累了丰富的研究实践经验，促进了知识的跨地域传播与共享，探索了乡村建设行动实施的多元化路径。这些经验和成果为本书出版奠定了坚实的基础。

　　《记忆的轮廓——乡土聚落与传统城镇的空间意象》秉持"以人为本"的视角，以"集体记忆及空间意象"为线索，深入挖掘乡村"普通人"的"日常生活"细节，力求真实反映乡村社会和生活状态的多元性与复杂性，为乡村人居环境建设提供了更为细腻、人性化的建议。同时，本书以"山水林田湖草沙生命共同体"的整体观，探讨了乡村空间要素的全域化格局及其优化策略，突破了对"村庄"孤立考察的局限，更有利于深刻地理解乡村的系统运转规律，以发掘更具可持续性的发展策略。

　　乡村规划与人居环境建设是一项复杂且持久的任务，我衷心希望通过此书的出版，能够为广大乡村研究者提供一个既有理论深度又具实践价值的参考，能够激发更多年轻学子与专业人士的兴趣与热情，吸引更多人才投身乡村振兴的伟大事业，共同书写和美乡村的美好篇章。

张悦

清华大学乡村建设研究院院长

清华大学建筑学院教授

2024 年 8 月

前　　言

在快速城镇化和现代化的浪潮中，乡土聚落作为中华优秀传统文化和国土景观多样性的重要载体，正面临着前所未有的挑战和机遇。这些聚落不仅是农耕文明的结晶，更是地域文化、历史脉络和社会结构特征的集中体现。它们承载着丰富的集体记忆，是连接人与土地、社区与环境之间的精神纽带。然而，随着时间的推移，乡土聚落在社会变迁中的演变，以及集体记忆对空间认知和价值传承的重要性，逐渐成为学术界关注的焦点。

本书旨在聚焦乡土聚落的集体记忆及其空间意象，分析这些聚落在社会变迁中的演变规律，以及集体记忆对空间认知和价值传承的重要性。通过构建系统的乡土聚落集体记忆及空间意象研究框架，本书试图回答以下三个核心问题：乡土聚落和传统城镇的空间意象是如何形成的？不同地域环境和社会经济条件下，其特征存在着怎样的差异？在现代社会和经济快速发展的背景下，如何应对和保护这些脆弱的文化空间？

本书共分为9章，第1章介绍了乡土聚落的集体记忆及其研究缘起，探讨了乡土聚落研究的发展背景和人文记忆的重要性；第2章构建了乡土聚落的集体记忆及空间意象研究框架，并有针对性地提出了切实可行的研究方法与路径；第3章至第8章选取了鄂西鸡头河谷鱼木村，京西、黔中四村和渝东南河湾村等具有代表性的乡土聚落案例，探讨和揭示了乡土聚落在不同社会文化背景下的集体记忆特征、影响机制，以及有针对性的保护和重构策略，也为理解乡土聚落的多样性和复杂性提供了丰富的实证材料；第9章则是对全书的总结与展望，提出了基于集体记忆的乡土聚落及传统城镇空间保护与更新的策略和方法。

本书整合了历年来北京林业大学"乡见"团队的工作成果，部分章节内容主要基于韦诗誉老师（清华大学）、孙甜、杨雪、张权、魏敏、杨若凡、王晓春、钱蕾西、向萱、赵亚琪等的工作成果，并由刘毅娟老师（北京林业大学）和田凡凡、耿泽茜、唐小清、张蕊帆、许尧等同学精心绘制了部分插图，在此一并表示感谢。同时，感谢国家自然科学基金面上项目"乡村振兴背景下农户升级转型的资源环境效应研究——以西南喀斯特生态脆弱区为例"（编号：42371212）、中央高校基本科研业务费专项资金项目"乡村聚落景观集体记忆特征研究——以京西、黔中四村为例"（编号：2018ZY15）对本书的支持。

本书适合国土与城乡规划、风景园林、建筑设计、社会学、遗产保护管理研究等领域的专家、学者和学生，以及对乡土文化和传统城镇保护与发展感兴趣的广大读者阅读参考。

希望本书能够为乡土聚落的保护与发展提供新的视角和思路，为传承和弘扬中华优秀传统文化、挖掘国家形象的"底色"和"多样性"贡献力量。同时，期待本书能够激发更多人对乡土聚落及其集体记忆的关注和思考，共同推动乡土聚落的可持续发展和文化复兴。

著　者

2024 年 6 月

目　　录

第1章 乡土聚落的集体记忆

    城镇化进程如同一股巨大的力量，不仅改变了乡村的环境面貌，也让人们对传统乡村生活的记忆和情感逐渐消失。近年来，尽管中国乡土聚落（Vernacular Settlements）的研究成果日渐丰硕，但研究仍主要集中于建筑空间形态、乡村产业发展和基础设施更新等领域，对于空间的人文、情感认知层面的关注，尚显不足。乡土聚落的集体记忆，是乡土聚落人文要素的一种独特表现方式，也是连接村民与村落空间环境的情感纽带，为研究乡土聚落的人文空间、记忆传承提供了良好的视角。本章主要阐述了我国乡土聚落在新时代面临活态保护与持续更新的双重挑战以及人文记忆的重要性不断提升的历程，并以宏观的视角展现乡土聚落与传统城镇的空间意象研究的重要意义。

1.1 乡土聚落研究的缘起

    对"乡土聚落"的关注和探讨，源于全球在快速工业化和城市化之后，人类居住环境及其周边环境发生根本性转变的深入反思。在现代社会的高速发展之下，人口大量涌入城市，建设规模急剧扩张，使得人类的居住环境建设逐渐演变成一项高度"专业化"的任务。因此，越来越多的新住宅、居住区和城镇的建设工作，都由掌握着现代工程技术的专业人士来规划、设计和组织建设。

    在这一过程中，大量的建设活动以"现代主义"为准则，追求标准化和高效率，以实用和高效为主导。然而，这种追求导致了一种现象，即大量形态单调、缺乏个性的"混凝土森林""方盒子"涌现，使得人居环境逐渐失去其独特性和特色。

    这种忽视人类生活与自然和社会环境有机联系、缺乏个性、机械呆板的人居环境形态，在建筑学、城市规划以及社会文化研究领域受到了广泛的批评。与此形成鲜明对比的是，在工业化和城市化运动之前，世界各地的传统居住聚落形态却展现出了丰富的多样性。这些聚落大多"未经由建筑学或其他专业工程技术人员进行设计"或"未采用现代工业化方式建造"，而是根据本地惯例或习俗建造的，因此通常被称为"乡土聚落"。

事实上，从广义的角度来看，乡土聚落建造的相关知识和技能自人类社会诞生之初便已存在。历史上，绝大多数人居环境都是由当地居民以各种"乡土"的方式自主创造的；即使时至今日，世界上大多数人口仍然居住在各类"乡土聚落以及传统城镇"中。显而易见，这些历经千万年不断发展的"乡土聚落"的营造逻辑，对未来更可持续的人居环境影响具有深远的启发意义，但其极为丰富的内涵，还远未能被充分认知。因此，在以快速复制为特征的"现代主义城镇扩张"汹涌袭来的今日，持续开展对"乡土聚落和传统城镇"特征及营造逻辑的研究，显得尤为迫切和重要（图 1-1、图 1-2）。

图 1-1　北京房山区霞云岭镇大滩村

图 1-2　广西龙胜周家壮族村寨

　　西方建筑学和城市规划领域研究学者自 20 世纪 50~60 年代起，对世界范围内乡土聚落形态展开了大量调查和剖析。现有的研究成果不仅对各类聚落形态特征进行了广泛充分的发掘和分析，也对其形态特征的形成要素等进行了探讨，并形成了较为丰富的理论论述。中国是世界上现存乡土聚落和传统城镇资源较为丰富的国家之一，但由于城镇化进程较晚，相关研究在最近三四十年中才逐步兴起。从目前的成果来看，中国乡土聚落研究在研究视野、思路和方法上对西方学者的成果多有借鉴，但在许多方面尚待深入和充实。

1.2　乡土聚落的特征与分类

　　乡土聚落的最大特征是其形态具有高度的地域差异性。这些差异呈现在从整体到局部的各个层面。一般而言，其与地域环境特征紧密相关，而非来自某个或某些建造者基于美学或其他方面主观选择的偶然结果。乡土聚落的地域环境特征，既体现在对建筑材料、结构特征乃至聚落选址和总体布局的选择，也以不同方式展现了历史、文化和社会背景的差别，有的已成为传统文化等的良好载体，具备了重要的保护价值。正因如此，西方学界对乡土聚落的关注，很早就开始并对其进行分类、细化。这种研究旨在更深入地理解各种乡土聚落的独特性和多样性，提取其特征和价值，从而更好地保护和传承这些宝贵的遗存。

阿摩司·拉普普特（Amos Rapoport）将乡土聚落划分为"原始（primitive）聚落""前工业时期乡土（pre-industrial vernacular）聚落"和"现代乡土（modern vernacular）聚落"三大类型。

"原始聚落"是指在技术、经济发展和社会组织形式上都处于原始环境下建造的居住聚落。在这样的社会中，人们的活动除了受性别和年龄的影响外，几乎没有专业的分工，大部分家庭都拥有建造自己居住环境的知识和能力。因此，聚落的营造通常是集体协作的结果，特别是依赖家庭成员之间的互助合作。这种聚落的形态往往显著地体现出对当地环境、气候等条件的适应性，并通过多代的传承和发展变得更加明显。值得注意的是，原始社会中对"文化"的最初始需求催生出了一整套建筑规则，导致了建筑单体和群落在设计及建成形式上的高度统一。

"前工业时期乡土聚落"与"原始聚落"的主要区别在于，人们开始使用一些专门的建造技能，并将这些技能应用于房屋和聚落营建中。尽管"前工业时期乡土聚落"的形态通常也能直接体现出与其自然地理环境、气候条件等相适应的特征，但由于技术的发展，其往往能在满足居住基本功能的前提下，比"原始聚落"在形态上具有更多的人为创造的个性和特点，而这样的形式特点往往反映了其文化取向。例如，在诸多的"前工业时期乡土聚落"案例中，其空间秩序往往表达了其对自身社会组织结构（主要是威权结构）的反映。

此外，空间的专用化（功能化）被认为是从"原始聚落"演变为"前工业时期乡土聚落"过程中的特征之一。在最原始的聚落中，空间均为非常基本的形态，几乎没有明确专门的用途。例如大多数室内和室外空间都为动物和人类共用，也被生产和生活所共用。随着经济和社会的分工变得越来越专业化，建筑的内部、外部以及建筑之间开始出现了空间的差异化。

不断增强的经济专业化、社会和政治的差异化以及群落的巨大变化最终导致了住所与聚落传统形式的不断制度化。这种形式上的制度化或者通过约定俗成的"建造图集"，或者通过缓慢发展的建筑与规划法则规范的应用来实现。进入工业社会，这种制度化进一步强化并实现了"前工业时期乡土聚落"到"现代乡土聚落"的转型，主要表现在日益增多的"专用化"空间。因此，"现代乡土聚落"主要体现为一些特殊类型的建筑物或建筑群，例如，未经"专业设计师"设计的汽车旅馆以及一些运用简单实用技术建造的"非正式住宅"等。从这个角度看，即使时至今日，世界范围内特别在工业化初期的国家，绝大多数人类聚落的建造依然是没有设计专业人员参与的。

尽管从"乡土聚落"最初的概念来看，其研究范围相当宽泛，但在实际研究中，"原始聚落"和"前工业时期乡土聚落"作为更有价值的"乡土聚落"研究对象而被广泛关注；而一些有特殊功能作用的"专业性"建筑和"现代乡土聚落"则逐步分化出去，成为当代人居环境学科研究的对象。

随着乡土聚落领域研究成果的不断积累，更多的学者不再只对其特征进行笼统的认知，而是关注于类别的细分，以及对其中的形态差异性进行分析和解释。一般而言，这种差异性，主要来自于四个主要影响因素：

（1）材料、技术因素——往往以当地易得的资源和当地居民掌握的建造知识为基础。

（2）自然环境因素——包括对抵御恶劣气候条件的种种考虑。

（3）社会文化因素——所包含的文化意义，通常包括宗教、习俗、意识形态方面的内容。

（4）经济和政治因素——包括对更广泛的社会经济、生产、就业和工作模式的思考，对财富积累（包括储蓄和投资等形式）的思考，同时还包括社会经济交换机制是如何被支配的，即政治环境。

前两者可统称为"物质因素"，后两者则称为"非物质因素"。

1.3　物质因素影响下的乡土聚落

乡土聚落的建设者们倾向于选择当地丰富且易得的建筑材料，如土壤、岩石、木材、草以及未经烧结的砖等。这些材料不仅具备自然的抗压或抗拉强度，还与当地自然环境和谐共存，有助于维护生态平衡。在建造过程中，建设者们常常运用非专业的建筑技术，巧妙地组合这些材料，充分发挥它们的潜力，以实现空间的有效利用并兼顾美观性。

乡土聚落营造过程中的一大挑战是空间遮蔽物的跨度问题。受限于材料的可得性，早期乡土聚落通常利用本地的砖、石、动物骨头和木材等抗压或抗拉材料，采用承重墙、简支木梁和茅草平顶等方式来跨越空间。但从世界范围内的原始建筑、乡土建筑以及史前时期的例子不难发现多种多样的屋顶结构形式，包括预制梁、A形框架、穹顶、帘幕墙以及张力结构（帐篷）等。

有的建造技术还巧妙地利用了自然环境的作用，如利用"风化作用"（如土坯的暴晒及木材的固化等）进行建筑物加固等，这也使乡土聚落的建造在更好地适应自然气候条件的同时，其形态的不断丰富成为可能。

自然环境因素的影响主要体现在住宅热工性能的控制，也包括调节湿度、空气流动及自然采光。在三类典型自然气候地区，乡土聚落营造中对气候的一些关键性对策分别有：

（1）热带干旱地区昼夜温差极大，夜间温度偏低。当地建筑多设计为厚实墙壁和屋顶，并采用高热容材料吸收太阳辐射。白天累积的热量在夜晚释放，维持室内温度。此类建筑紧凑排列，门窗较小。此外，庭院被广泛使用，而夏季温暖的夜晚，人们常在天台、阳台、庭院等外部空间活动（图1-3）。

图1-3　新疆喀什旧城——干热地区典型聚落形态

（2）热带湿润地区日夜变化和季节变化不明显，降雨量大，因此住宅设计注重遮阳和散热。与干旱地区相反，该地区住宅旨在散热。建筑多抬高，以便空气流通并引入微风。屋顶像伞一样保护住宅，抵御太阳辐射，斜坡陡峭以适应高降雨量（图 1-4）。

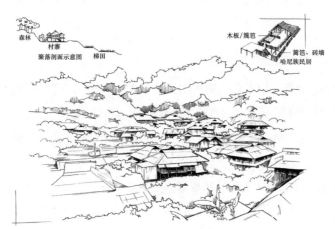

图 1-4　云南西双版纳哈尼族村寨——湿热地区典型聚落形态

（3）低温区注重蓄热，类似热带干旱地区，但室内中心放置热源。住宅外墙深色，吸收太阳辐射，与干旱地区的浅色外墙相反。防风同样重要（图 1-5）。

图 1-5　四川阿坝藏族村落——寒冷地区典型聚落形态

1.4　非物质因素影响下的乡土聚落

Schoenauer 与 Oliver 都将乡土聚落描述为对特定的社会经济和物质环境所固有的一系列文化和物质力量的建筑工程相应，主张除地理差异外，人类的社会经济运作模式在塑造乡土聚落不同形态方面扮演着更为重要的角色。因此，对于乡土聚落的研究，不仅要关注其自然环境的适应性，还要深入探讨其背后的社会经济结构和人类行为模式。

1.4.1　适于游牧生活的"短暂临时"的聚落

种植业发展起来之前，世界各地不同环境中的住所，大多采用最简单的空间支撑技术，以当地易得的材料建造，单体和聚落的规模都很小，且建筑物之间没有明显的差异，这反映了当时社会形态的无等级性。西非的 BaMbuti 和 San 木屋以及澳大利亚原住民 Arunta 的木屋（图 1-6、图 1-7）是其中的典型代表。

由于当时人类获取自然资源能力有限，需要这样的聚落不得不频繁地移动或长期季节性迁徙，因此这些聚落往往是临时的，只能存在几天。尽管营造的居住环境仅能满足基本生活需求，但这些案例揭示了人类早期社会在适应自然环境、利用有限资源方面的智慧和创造力。

图 1-6　BaMbuti 木屋

图 1-7　Arunta 木屋

1.4.2　适于游牧与农牧过渡生活的"无规律临时性"聚落

一些先进的狩猎或采集型聚落的传统形态，相比最简单的聚落形式有所丰富。在居住建筑的组合方式上，开始体现出以部落为单位的社会组织形态，还出现了集体共用的社区建筑，如巴西和圭亚那的 Wai-Wai 公用住宅。典型的案例还包括北极圈附近因纽特人在冬季建造的雪屋和夏季使用的海豹皮帐篷，以及西伯利亚通古族以及北欧拉普兰人的圆锥形帐篷或普通帐篷。整体聚落形态不仅反映了开始变得复杂的社会组织和经济生产方式，也体现了对各自环境的深刻理解和良好适应。

同样，由于气候和资源的限制等，这些部落也仍然需要频繁迁徙，因此这类聚落存在的时间虽然可能长达几周，但依然是便于简单快速建造的。

1.4.3　适于游牧 / 驯养生活的"周期性"聚落

这类聚落的社会基础为由酋长统治的等级制部落组织形式，通过狩猎、采集野生动植物和驯养动物来获取生活所需。这些民族往往居住在广袤的苔原、草原或热带草原地区，随着自然条件变化周期性迁移。类似的实例包括我国内蒙古的

"蒙古包",以及图阿雷格人和贝都因人的帐篷。

住宅中,重要的结构性以及与之相关的屋顶组件(通常是框架、衬垫或帐篷)并非就地取材,而是单独制作且长期使用,一般由牧民们利用驮畜等携带,能应对各种严酷的气候。这种聚落中的居住建筑往往也呈简单的球形、梯形及锥体形状,然而与上述两类聚落相比,这些建筑往往有更大的规模、更为复杂的结构,以及在单体组合中更多的规则和秩序(如严格的等级制)。

1.4.4 适于半游牧生活的"季节性"聚落

这些聚落往往并不经常性地迁徙,而是在相当一段时期内保持居住在同一地点,其社会经济基础是种植型与游牧型的混合体。他们通常生活在干草原和稀树草原地区,社会组织形式依然是以等级制和部落制为核心,但他们的"地域所有权"意识要远远强于游牧民族,同一族群经常或总是反复利用同一片畜牧区域。这使他们的聚落形态虽然在多数时间(尤其是移动较频繁的夏季)与游牧民族较为类似,但呈现有地域特征的文化符号。实际案例主要包括美洲纳瓦霍人的"甘"(图 1-8)以及非洲马赛人(分布于肯尼亚和坦桑尼亚)的"博马"(图 1-9)。

图 1-8 美洲纳瓦霍人的"甘"

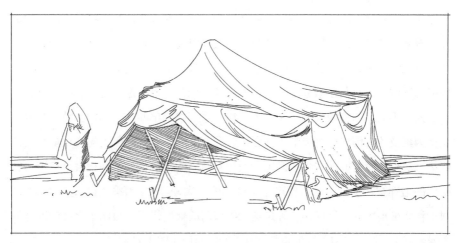

图 1-9　非洲马赛人的"博马"

1.4.5　适于简单耕作生活的"半永久性"聚落

　　这类聚落以种植业为社会经济基础，但由于土地肥力及耕种技术有限，其农业生产在持续几年或十几年后必须进行一段时间的土地休耕，因此这些聚落的建设也并非永久性的。典型的例子包括撒哈拉以南非洲广大范围内的传统住宅形式以及位于美洲中部的各民族住宅（例如玛雅人、墨西哥以及普韦布洛印第安人）。这类聚落中半永久性棚屋的组合形态多样，主要原因是除了施工技术的进一步提高，还在于聚落公共活动功能的进一步加强，以及土地及财产的所有状况的复杂化。许多聚落由于较长时间的稳定生产，财产的不同积累，使得聚落中居住建筑等的规模、形态并不完全反映权力等级结构，而是呈现更为复杂的格局（图 1-10）。

1.4.6　适应农耕生产生活的永久性聚落

　　永久性聚落往往属于那些允许永久耕作并与社会经济发展程度相适应的农业社会。这样的社会允许并且需要更高水平的社会专业分工，较发达的社会生产经济基础使得更多的人能够脱离农业生产，专业从事钻研聚落营建技术，并且这种技术的传播可以得到较发达的社会组织（如行会）来进行保护。除了营建技术的发展，每个聚落中除农业生产外，用于其他专业化社会活动的场所也大大增加。

在这些更为稳定生产的社会中，其社会结构相比于非永久性社会经济组织来说要复杂得多。这些社会中基本的社会单元一般是家庭，并且往往扩展为家族以及更大的血缘组织形式。财产所有权在家族占有的基础上变得更加个人化，当然单个家庭内部的互惠互利在家庭生活中仍然起着重要的作用。定居社会也能发展社区和更大范围的政治等级制度，例如政府和一系列强制化的社会规则，特别是受到文化因素及政治因素直接影响的社会再分配方式。所有这些巨大的变化都直接或间接地决定了聚落的内在生成逻辑。而随着时间的推移，当某种社会结构形态在一定的地理空间稳定下来，便产生了聚落的巨大差异性：中国南方的"客家人"村落和北美地区的"种植园"等是这一类聚落的典型代表，而两者之间的形态的差异客观上反映了各自不同的自然和社会经济状况（图 1-11 ）。

　　在中国语境下，对乡土聚落的关注提升主要源自近 40 年来城镇建设的快速扩张，其研究视野也经历了从对单体建筑形态、建造技术的关注逐步扩大到乡土村镇聚落的层面，并从形态格局、空间秩序、风貌特色等展开探讨。20 世纪 90 年代

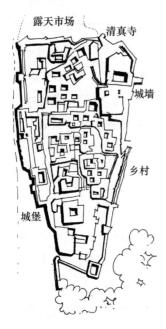

图 1-10　中东地区城堡聚落

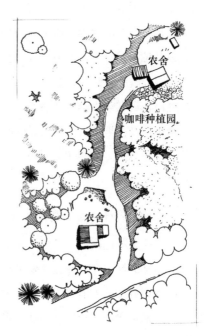

图 1-11　北美传统种植园

以来，乡土聚落研究逐步融合人文地理、社会学、历史学、文化生态学等领域的思路和方法，逐步将传统乡土聚落视为物质空间和社会文化的统一体。彭一刚和王澍等最早立足于传统村镇聚落的形成过程，对造成中国传统村镇聚落空间形态和景观环境的差异的原因进行了剖析。这些原因总体可分为自然环境和社会文化两大类，前者包括地理气候条件、地形与地质地貌状况和地方材料三个方面，后者则包括宗法伦理道德观念、血缘关系、宗教信仰、风水观念、交往交易等因素。在随后相当多学者的研究中，由于学科背景的差异和隔离，其核心探讨的问题往往专注于对上述某一两个方面的深入剖析，特别是某一地域文化和带有中国特色的传统"风水"观念和宗族礼法制度在村镇聚落选址、总体布局、功能空间组合直至建筑装饰方面的显著影响的剖析。此外，由于中国幅员辽阔，地方差异大，相当多的学者都长期专注于对某一特殊地域的聚落形态特征及影响要素进行综合分析。

相对而言，近年来中国乡土聚落形态研究的成果尽管已经颇为丰硕，但在各方面分布不甚平衡。总体来看，关于单一影响因素的专项研究较多，综合研究较少；关于物质因素的分析在近年来随着 RS、GIS、元胞自动机等技术的引入不断深入，但关于非物质影响因素，特别是经济运行和社会组织结构方面的影响的分析依然未能得到广泛重视。自 20 世纪 90 年代中期起，陈志华等组织了对楠溪江中游一系列古村落的建筑和聚落的深入研究，在对当地传统民居进行大量测绘调查后，提出了以"生活圈"为单元的整体研究方法，动态地关注社会、经济、文化发展引起的村落和房屋的变化，注重探索该地区独特的自然环境和地域文化对该地区村落整体形态和营造逻辑的影响，开启了中国传统聚落研究新的阶段，并被一些研究者发扬光大。然而现有的相关研究主要集中在东中部经济发达地区周边，譬如对江南、徽州等地区的案例剖析最为丰富，对西部山区特别是少数民族聚居地区的传统聚落的持续研究相对不足。因此，亟待基于前述框架，进一步探索更为适宜的方法框架并推动实证应用。

1.5　本书研究内容

乡土聚落是中华传统文化和国土景观多样性的重要载体，但在快速城镇化进程中，许多乡土聚落和传统城镇逐渐被边缘化，面临人口空心化、人居环境衰败及社会经济运行方式重构等问题，田野风光、古朴村落、传统生产方式及乡愁文化逐渐消失。尽管乡村振兴战略在乡村产业、历史建筑保护和基础设施方面取得了一定进展，但对本土文化和人文情怀的保护和传承仍显不足。乡土聚落的空间环境承载着历史脉络、文化底蕴及社会关系网络，形成了不可忽视的"集体记忆"，这种记忆通过代际相传和社会互动延续，是人与土地、社区与环境的精神纽带。传承和保护这种集体记忆尤为重要，符合"望得见山水，记得住乡愁"的时代要求。

本书通过对鄂西鸡头河谷的鱼木村、京西的灵水村和爨底下村、黔中的鲍家屯村和高荡村、云南哈尼聚落、渝东南河湾村等典型乡土聚落的研究，探讨了乡土聚落中居民和游客的空间集体记忆特征、成因及影响机制，提出可持续更新策略。以下是全书各章研究内容的简要介绍。

第 2 章基于集体记忆、空间意象的相关理论，构建了适用于开展当代中国乡土聚落研究的方法框架。在梳理"集体记忆"和空间意象的概念起源、发展的基础上，剖析了其在国内外传统聚落研究中的应用场景及主要成果，结合充分基于长期实地调查经验的总结反馈，构建"以人为本"的视角发掘乡土聚落形态特征、价值及演变趋势和机制的实证研究路径。

第 3 章聚焦于鄂西鸡头河谷的鱼木村，这是一个保存完好的土家族传统村落，具有独特的地理环境和民族文化。本书研究了其空间集体记忆的特征及演变，特别是历史建筑、集体活动空间和祭祀文化在村民集体记忆中的重要地位。

第 4 章对比分析了北京市门头沟区的灵水村和爨底下村，以及贵州省安顺市的鲍家屯和高荡村，这四个村落代表了不同地域和旅游发展模式下的乡土聚落。本书探讨了旅游发展对集体记忆体系完整性和特征的影响。

第 5 章以渝东南传统河湾村为例，河湾村独特的公共空间形态和文化代表性为研究公共空间与集体记忆的关系提供了重要案例。本书探讨了乡土聚落中公共空间的公共性及其对社会结构和文化传承的影响，分析了公共空间的特征以及村民对公共性的评价差异。

第 6 章研究了云南哈尼族聚落阿者科和大鱼塘村，其独特的民族文化和参与式旅游发展的现状为研究旅游对集体记忆的影响提供了重要视角。本书探讨了参与式旅游对当地居民和游客集体记忆的影响，及其对哈尼聚落的持续影响。

第 7 章以北京市丰台区长辛店古镇为例，其丰富的工业遗产和红色革命历史为研究历史城镇的保护与更新提供了典型案例。本书探索了基于空间集体记忆的老镇保护与更新设计方法，特别是保护更新要素的梳理和功能升级优化。

第 8 章以北京市朝阳区崔各庄乡费家村和东辛店村为例，其作为城市边缘区的聚落，面临着典型的快速城镇化挑战，这为研究城乡接合部的空间集体记忆提供了重要材料。本书提出了基于集体记忆的开放空间规划设计策略，旨在重构集体记忆的空间体系，并优化居住空间品质，以面对快速城镇化建设的挑战。

第 9 章是对全文研究内容的总结，以及对未来研究工作的展望。

通过这些案例的深入研究，本书不仅为理解乡土聚落的多样性和复杂性提供了实证材料，也为学术探讨和实践应用奠定了基础，促进乡土文化遗产的保护和可持续发展。

第2章　乡土聚落的集体记忆及空间意象研究框架

本章旨在基于集体记忆、空间意象的相关理论，构建适用于开展当代中国乡土聚落研究的方法框架。在梳理"集体记忆"和空间意象的概念起源、发展的基础上，通过剖析其在国内外传统聚落研究中的应用场景及主要成果，结合基于长期实地调查经验的总结，通过"以人为本"的视角发掘乡土聚落形态特征、价值及演变趋势和机制的实证研究路径，为当代中国乡土聚落人居环境可持续更新相关研究提供创新性的思路。

2.1　集体记忆的理论源流

集体记忆（Collective Memory）这一概念最早由法国社会学家莫里斯·哈布瓦赫（Maurice Halbwachs）于 1925 年在《记忆的社会框架》和《论集体记忆》中提出，他在社会心理学领域开创性地将记忆研究拓展到了社会层面，与个人记忆区分开来。哈布瓦赫认为，集体记忆是社会结构的一部分，即为在一个特定群体中，各成员共享、传承以及共同构建关于过去的事物或事件的结果，是一个社会性的过程，有利于促进社会团结、传承文化价值观及处理社会冲突等。

建筑师阿尔多·罗西（Rossi. A）探讨了集体记忆与空间场所的互动关联，即认为空间是集体记忆的载体，集体记忆对空间的形成有所影响。此后，关于集体记忆的研究视角逐渐趋于多元化，延伸涵盖了心理学、历史学、政治学、地理学、社会学、建筑学等众多领域。国内对于集体记忆的研究起步的大致时间为 20 世纪 80 年代，而后逐渐成为人文社科领域热议的话题，并向地理学、城乡规划学和风景园林学等诸多领域延伸。

近年来，集体记忆的相关理论研究进展丰富多样，其中功能主义和建构主义视角是两种重要的理论取向，它们从不同角度探讨集体记忆的本质、形成机制及其社会功能。

功能主义强调集体记忆的社会整合功能。该视角认为，集体记忆是社会团结和身份认同的基石，它通过共享的过去经历和文化传统，为社会成员提供了一套共同的参照框架和行为规范，促进了社会环境，包括空间环境的稳定和延续，其得以延续的关键条件是必要的社会交往和群体认同。贝尔（Bell. D. S. A）认为集体记忆具有传承城市历史文化的作用，同时可以充分体现其独特的魅力与特性；莱薇卡（Lewicka. M）指出集体记忆既能作为地方标志，还能唤醒居民的地域认同感；马亚姆（Ardakani. M. K）等阐述了集体记忆的重构有利于促使城市历史文化得到延续和发展，对城市可持续发展具有重要价值。

建构主义视角则更加强调集体记忆的社会构建性，认为记忆并非被动地反映过去，而是当下社会、政治、文化力量交互作用的产物。在这一视角下，保罗·康纳顿（Paul Connerton）强调了集体记忆是通过叙述、仪式、媒体再现等社会过程不断地被生产和再生产，且这一过程受到权力变更、空间环境更新等的影响。建构主义研究揭示了集体记忆的多变性和可争议性，指出不同的社会群体可能会基于各自的利益和立场构建出截然不同的记忆版本。洛温塔尔（Lowenthal. D）提出可以通过具有象征性和纪念性的空间和活力建构集体记忆；劳拉（Nora. P）表示具有仪式感的纪念活动可以帮助社会延续和传播集体记忆；雅各布斯（Jacobs. A. J）通过对城市象征空间进行研究证明了集体记忆可以被象征性地建构；大卫·哈维认为可以通过构建某个历史人物的回忆来重塑集体记忆空间；格勒（Gurler. E. E）等通过研究发现具有纪念性的景观能够唤醒地方认同，如城市中的博物馆、纪念馆等就是通过塑造集体记忆来构建群体认同。

2.2　集体记忆的空间意象

通过"集体记忆"来对空间意象进行描述的方式源于凯文·林奇（Kevin Lynch）的研究。他认为城市空间环境的集体记忆具有"可识别性"和"可意象性"。在《城市意象》一书中，人们对于城市环境的感知情况及随之形成的集体记忆，主要可以概括为五类要素，即边界、道路、区域、节点、标志物。通过借鉴心理学和行为学对意象的研究成果，运用访谈、画图、情景的界定、描述、重复再现、系列再现等知觉试验、意象试验、记忆试验，深入探讨了城市物质形态如何被感知和记忆，从而较为清晰地描述众多使用者头脑中的"主观环境空间"，其中，照片辨别是典型的以图像代替感官，直接刺激被调查者视觉以调动意象的操作方式。半结构式访谈对访谈对象的条件、所要询问的问题等只有一个基本的框架，即按照一个粗线条式的访谈提纲而进行的非正式访谈。认知地图法即是让被调查者将头脑中的空间意象绘制在图纸上，是多维环境信息的图像化再现。

上述研究成果，为人们理解和记忆城市空间提供了有力的工具。这五类城市空间要素的分析，揭示了城市空间结构的清晰性和可识别性，其对于提升城市生活质量非常重要，也激发了人们对于城市空间、城市文化、城市生活等方面的思考和关注，很快被公认为是获取空间环境规划设计研究相关社会数据的最常用工具之一。

近年来，基于集体记忆的空间意象研究在大量城市空间环境分析及规划设计研究中得到广泛应用。在中国，集体记忆及空间意象研究的视角和内容，伴随着大量的城市环境建设实践，快速得以丰富。

较多的研究者主要聚焦于某些传统空间环境区域的特征解析，即力图由此以更直观和准确的方式，对城市空间的结构进行科学描述和解释，从而更为深入剖析地域文化景观的内在特征，为理解特殊地域空间环境的"人地关系"提供借鉴。在研究方法中，有时直接或间接借鉴"城市意象"五要素，根据研究对象的具体情况增加或调整空间要素类型；或从人群分类的视角进一步探讨不同社群集体记忆中的空间意象差异。

与此同时，为聚焦于指导城市空间环境规划设计的实践，尤其是街巷空间、老旧社区和公共空间更新中，比如以集体记忆为线索，通过自下而上的微小干预将与历史、文化、环境相关的事件贯穿于街道环境设计中，以及以重构公共空间体系、保持传统社区空间格局、再现历史建筑园林盛景、引入"共智、共策、共享"模式为记忆表现形式推进老旧社区更新等。

特别值得一提的是，对于集体记忆及空间意象的形成机制，它们与居民行为和生产、生活方式的互动关系，以及乡土聚落集体记忆在现代化进程中的演变趋势和影响因素等方面的实证研究，仍显薄弱，亟待进一步拓展和深化。未来，尚需要通过更多跨学科的研究方法，结合叙事手法，从"物、场、事"的多角度出发，深入探究乡土聚落集体记忆与空间意象的复杂关系，为乡土聚落的保护和可持续发展提供更为科学、全面的理论依据和实践指导。

2.3　乡土聚落集体记忆及空间意象研究框架的构建

乡土聚落，作为城市之外的一种独特地域单元，同样具备空间"可意象性"和"可识别性"的特质。其内部蕴含的各种意象要素，正是聚落内居民集体记忆的具象化体现。然而中国学术界对于乡土聚落集体记忆的既往研究，多聚焦于与空间要素无直接关联的民俗文化、族群认同等方面，如乡村集体记忆如何受宗教传统、知识技术和等级地位的影响，以及行政力量、社会力量和乡村精英在乡村记忆重建过程中所发挥的作用等。近年来，虽然部分研究开始关注乡土聚落集体记忆的空间意象，如旅游发展对聚落集体记忆的影响，但整体而言，这一领域的研究尚处于起步阶段，成果积累有限，分析深度和广度均有待加强。

基于这样的状况，乡土聚落集体记忆及空间意象研究框架的构建，较多地延续了城市空间意象的分析逻辑，总体框架可归结于四个步骤：

第一步，通过绘制使用者认知地图来获取记忆要素，同时用调查问卷、照片认知等进行辅助校对，形成集体记忆的空间意象地图等；

第二步，借鉴凯文·林奇"城市意象五要素"或其他理论，将分析对象的空间要素进行分类；

第三步，结合词频统计、语义分析等方式，对集体记忆地图中有价值的信息进行分析研究，剖析研究对象集体记忆的空间意象特征；

第四步，依托地方志、族谱等文献资料解读和充分的访谈等，对上述空间集体记忆的生成和影响机制进行解读。

值得注意的是，相较于大多数城市建设环境，乡土聚落的空间环境构成要素、生成逻辑和面临的变化影响，又存在着显著的不同，这种差异也会对主观意象造成显著的影响。

通常情况下，乡土聚落中的绿色开放空间和自然环境要素较为丰富。与城市中普遍存在的高密度钢筋水泥森林不同，乡土聚落往往坐落在山水之间，建筑物和构筑物的分布与自然地形、水系、植被等景观元素相互交织，功能区域之间的界限相对模糊，交通空间和生活空间等往往相互交融，具备良好的开放性和流动性，形成了更加富有生活气息的空间氛围。

乡土聚落的生成逻辑还深受当地文化传统和社区情感的影响。居民们往往共同遵守着一些传统的生活习惯和价值观念，这些文化传统在乡土聚落的空间布局、建筑风格、景观营造等方面都得到了充分的体现。

更为重要的是，在当代中国城镇化建设迅猛推进的背景下，乡土聚落逐渐走向边缘化，面临空心化、景观衰败及传统农业手工业衰退等问题，其空间特征也逐渐消退。尽管现代技术的发展让我们对传统聚落的空间特征有了更为科学、细致和客观的认知，但在研究上，对于"使用者主观感受"的相关变迁的关注，是亟待拓展的领域。

由此可见，在面向乡土聚落的集体记忆及空间意象方法时，应关注更为广泛的文化要素，尤其注重在面对乡村社群时，信息采集中的可操作性，而在生成逻辑分析时，则可充分借鉴既往乡村人类学、民俗文化和权力结构研究的思路和构想。

2.4 乡土聚落的集体记忆及空间意象研究技术方法

2.4.1 集体记忆的要素收集

（1）认知地图

乡土聚落中，集体记忆要素的收集主要来自于使用者的认知地图。该方法以直观形象的方式，展现了聚落中人群对空间的集体记忆认知，还可详细地展现不同社群之间的差异。然而，从实际应用的长期反馈来看，单纯依赖认知地图存在诸多挑战，如采集难度高、准确性不足等。业余人士手绘地图的不精确常导致信息模糊、位置偏差，且易受采集者主观意识的引导。此外，认知地图更偏向于展现清晰的物质环境，如道路、房屋等，而对于相对抽象、模糊的景观要素则难以表达。

因此，认知地图收集的集体记忆要素，一般应当结合实际地图进行校正，同时将绘制结果与口述访谈充分结合，才能更加直观地呈现聚落内居民的集体记忆，更科学准确地反映出传统聚落内人群的意象特征。这种方法具有广泛的适用人群和更准确传达本义的优点，这在多项研究中得到了证实。

　　具体操作上，首先需采集整理居民日常行为的轨迹，通过生活志和口述史访谈实录提取与集体记忆空间要素相关的关键语句。随后，对这些关键词按意象类别进行归纳分类，如道路、边界、节点等，并统计各要素的频数，计算频率［频率＝（频数／总样本数）×100%］。之后，将集体记忆的空间要素标注在影像图或总平面图上，形成抽象的记忆地图，便于后续分析。在资料丰富的情况下，还应结合半结构式访谈等方法，通过实地踏勘、照片辨别、文献查阅和历史推演等手段，相互印证各类要素，确保记忆要素的丰富性和准确性（图 2-1）。

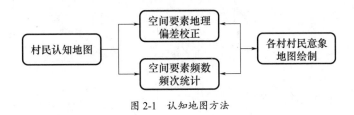

图 2-1　认知地图方法

（2）半结构式访谈

　　在访谈环节，研究者主要关注被访者长期的生活轨迹，并根据实际情况要求他们提供详尽的描述。具体来说，研究者会根据访谈实录中提及的与空间集体记忆相关的关键语句，提取出相关要素。随后，对这些关键要素进行意象类别的归纳分类。紧接着，统计各个空间集体记忆要素的频数，并计算出频率。基于这些数据，绘制出记忆地图。为确保表述与图示的准确性，研究者会协助居民绘制记忆地图，并标注重要地点的位置和范围。这样的流程有助于更准确地理解和呈现居民的集体记忆。

（3）意象地图绘制

　　在实施过程中，针对绘图能力较强且具备一定知识水平的人群，采用"自由描绘"的方式来进行意象地图的绘制。这种方法要求被访问者依靠自身的感知和印象，在一张空白纸上自由发挥，运用简单的线条和符号对聚落环境特征进行整体的描绘（图 2-2）。而对于那些绘图能力较弱且缺乏相应知识水平的人群，则采取"限定描绘"的方式。在此方式下，研究者提供预先准备的打印地图，并邀请他们在上面进行勾画。这些地图带有特定的选项和符号，帮助他们更好地对聚落环境进行整体的描绘。

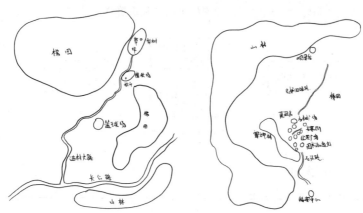

图 2-2　实地访谈与意象地图绘制

2.4.2　集体记忆的空间要素划分

　　乡土聚落中，集体记忆的空间要素构成，可用较为灵活的方式，根据研究分析的需要，按形态特征、景观风貌、符号、社会功能等进行分类。在许多情况下，按照形态特征借鉴城市意象的"边界、道路、区域、节点、标志物"五要素进行分类，然后开展多维度的分析；也可按文化和行为功能进行分类，或划分为生态、生产、生活空间要素等。王丽敬将影响历史街区城市记忆的载体要素按空间形态、景观风貌、符号、社会和综合因素进行分类；周芳认为集体记忆的内容可归纳为空间要素、文化要素、行为要素和感知要素；张权等从建筑要素、公共空间、村落文化三个层次识别集体记忆；刘祎绯、王晓春等按凯文·林奇城市意象的"道路、边界、区域、节点、标志物"进行分类统计。

2.4.3　集体记忆的空间意象分析

记忆要素的处理是集体记忆研究中重要的量化过程。在较多研究中，普遍以记忆要素出现的频次为依据判断群体对要素的认知程度；或通过空间叠合和频次统计的方法筛选出认知程度最高的记忆要素，利用 SPSS 和 ROST CM 等软件对集体记忆问卷和访谈数据进行统计分析，亦可以运用 GIS 进行空间分析和可视化处理。在此基础上，可从不同的视角入手，开展空间集体记忆的生成逻辑和影响要素分析。

收集到的记忆要素和现实社会之间需要存在必要的逻辑，因此，如何筛选出有价值的记忆要素尤为重要。但在目前的研究成果中仅有少数学者阐释了记忆要素的评价标准和依据，且没有形成科学权威的体系。王丽敬表示应挖掘出对城市记忆建构与利用过程中最重要、最根本的记忆要素，但未说明应如何建立记忆要素价值评判标准；李晓鹏认为要对集体记忆要素的代表性、特性、与场地的相关性进行评判和阐述依据，但没有进一步形成明确的体系；周芳为记忆要素的甄别提出了完整性、原真性、集体性、延续性、地域性五个原则，但未阐述如何使用；杨雪构建了一个以记忆度、历史价值、现存状况为指标的集体记忆要素评价体系；王晓冬等对城市记忆的要素进行权重分析，选取不同人群进行测评，采用数据统计法比较得出最终的评价。

2.5　本章小结

本章旨在从"以人为本"的视角出发，构建一套系统且严谨的研究方法体系，以深入发掘当代中国乡土聚落的形态特征、价值、演变趋势及其内在机制。

基于集体记忆概念的起源、内涵的丰富发展，及其在社会和文化中的功能与价值，特别是在空间意象分析领域所展现的文化意义，本章精心构建了乡土聚落的集体记忆及空间意象研究框架。这一框架明确了研究的核心目标、深远意义、具体内容与边界范围，并有针对性地提出了切实可行的研究方法与路径。

所采纳的技术方法包括但不限于深入的田野调查与访谈、详尽的文献分析与历史地理研究、精准的空间分析与可视化技术，以及详尽的案例研究与比较分析。这些方法的综合应用，将助力我们更全面、更深入地揭示乡土聚落的集体记忆与空间意象，从而为相关领域的学术研究和实践应用提供坚实的支撑。

第3章 典型乡土聚落的集体记忆与空间意象：鄂西鱼木村

本章依托集体记忆相关理论及方法，聚焦位于湖北省利川市一座绝壁孤峰上保存完好的土家族传统村落——鱼木村（又名鱼木寨）。从建筑物、开放空间、文化场所等方面对村落环境特征进行分析。研究发现，建筑要素层面中，能够体现鱼木村传统村落环境特征的历史性建筑，是最能让多数人留下深刻记忆印象的；开放空间层面中，集体活动空间在村民集体记忆中占据较大比重；习俗文化层面中，祭祀文化深入鱼木村村民日常生活中，祭祀碑牌等乡村传统建筑单体在村民心中的地位很高。通过归纳集体记忆特征形成的建筑空间影响要素和人为使用影响要素，深刻理解了村落环境特征的形成机制，对其保护和可持续发展提出了有价值的建议。

3.1 鄂西鸡头河谷鱼木村概况

鸡头河谷位于湖北省恩施土家族苗族自治州利川市西北部（图3-1），地处武陵山脉与巫山余脉交会处，西与重庆为邻，东距利川主城区约50千米，属于典型的喀斯特地貌区。利川市境内峡谷、丘陵以及河谷相互交错，主要水系有清江、郁江、毛坝河，呈典型的放射状。鸡头河为清江水系分支，河谷两侧均为高山陡坡，沟谷幽深，长期以来交通不便，是以土家族为代表的少数民族聚居区。

在较长的时间内，鸡头河谷先民凭借原始的生产工具，以渔猎为主要生存手段，形成了影响至今的渔猎文化。此后随着人口增长，"烧舍度地"的农耕生产开始发展，但刀耕火种的耕作技术只能"靠天吃饭"，由此，使人们对自然神灵的崇拜不断强化，形成与其相适应的崖葬传统和浓烈的祭祀文化。明末以后，随着"改土归流"过程的完成，先进的耕作技术得以引进，农业产出显著提升，使当地人民开始有条件精心选址建村，营造更好的生活环境，形成了大批保留至今的传统乡土聚落。

图 3-1 鸡头河谷区位示意图

既往研究对鄂西地区土家族的文化习俗、耕作习惯等较为系统，但对其人居环境的特征及与文化传统的关联尚缺乏关注，在当前乡村建设中对人文空间、乡愁记忆的传承缺少足够的重视，亟待有针对性的研究成果来支撑。

本文研究对象鱼木村坐落于河谷一侧的鸡头峰之上，海拔约 1450 米。四周为悬崖绝壁，紧邻绝壁的层层梯田将村寨包围，整体形态形似"鸡头"，因此得名。全体村民均为土家族（图 3-2）。

图 3-2 鱼木村全域鸟瞰图

3.2 数据收集与整理

3.2.1 数据收集

研究团队主要对鱼木村古寨核心区域的村落环境特征进行了调查，通过调研及测绘取得村落中各景观要素的图底及文字资料，包括村落建筑、形态、道路、节点、标志物及周边环境等，同时对村中居民、游客等进行访谈以及意象地图的获取，通过发放调查问卷、实地测绘、获取意象地图、现场拍照及航拍等方式，着重对村落环境特征中的建筑要素特征、公共空间特征、村落文化特征三个层面的要素进行一手数据的采集。基于这些数据，利用空间分析模块生成插值图，定义变量记忆强度为提及某地点的次数即频率值，从而获得一系列集体记忆高频要素分布图。

本研究于 2019 年 8 月 9 日—14 日进行为期 5 天的实地调研，主要访谈地段为鱼木寨景区、村落公共空间区域、田野耕作区域、村民居住场所以及村委会，访谈时间主要选取上午八九点、下午五六点两个时间段。实地调研中邀请当地村民、游客等，根据他们的集体记忆来绘制地图，通过绘制意象地图的方式了解当地村民及游客对村落的主要印象，从而直观提取被访谈者的主观意象。在获取意象地图时，对绘图能力较强且具有一定知识水平的人群，采取自由描绘的方式进行绘图（图 3-3），自由描绘法的主要方式是被访问者通过自身的能力及印象，在空白纸上进行意象地图绘制，用简单的线条及符号对村落环境特征进行整体的描绘；而对于绘图能力较差且不具备相应知识水平的这类人群，采取

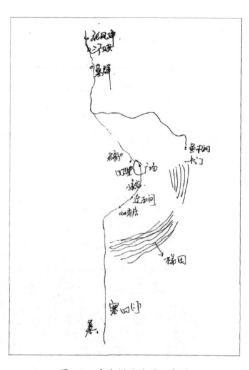

图 3-3 自由描绘地图示意图

限定描绘的方式（图 3-4），邀请此类人群在预先准备的打印地图上进行勾画，通过具有特定选项及符号的地图来对村落环境进行整体的描绘。

　　同时进行访谈及调查问卷，搜集村民、游客、村干部等不同职业人群的主观意象。对于游客、村民等多关注其自身体验、对村落现状意见及直观印象等进行详细的咨询，而对于行政管理者及相关研究人员主要对村落概况、历史及现存问题、困难等进行详细的咨询。将访谈中被访者谈论到的一些与村落环境特征要素相关的关键语句提取出来，并对其中的关键词进行归纳分类。

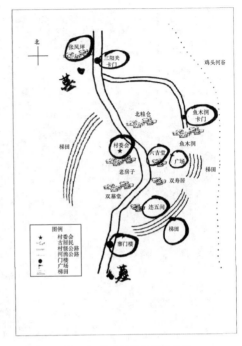

图 3-4　限定描绘地图示意图

　　在数据收集过程中共计收集到意象地图 95 份，分别来自村民 65 份、游客 20 份、相关政府人员及村干部 10 份，并进行相关访谈，以获取一手的资料。

　　统计要素被提及的次数，计算要素在总体样本中的频率，作为该要素的认知频率，并绘制意象地图统计。

3.2.2　要素整理

　　现场调研及访谈数据的收集后，对获取数据进行分类统计，整理文字、图像、访谈等多种渠道收集的数据，从建筑要素特征、公共空间特征、村落文化特征三个主要维度来进行村落环境集体记忆的类型识别，归纳现存村落环境特征的基本类型，并选取合适尺度进行抽象表达，结合几何表述与图底信息描述来概括不同村落环境类型特征。将调研获取的意象地图与实地获取的地理信息进行叠合，并进行校正处理，再将要素绘制到地形图上进行统一汇总得到总体意象地图（图3-5），同时对意象地图里要素的频数进行统计，分析各村空间要素特征探究成因。

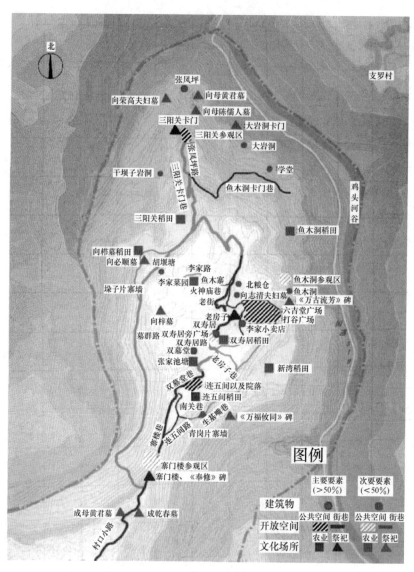

图 3-5　鱼木村主要集体记忆要素分布图

3.2.3　鱼木村空间集体记忆的特征及演变建筑物

鱼木村建筑类集体记忆要素主要包括住宅、公共建筑及构筑物，本次研究共统计 38 个要素，其频率和频次见表 3-1、表 3-2，空间分布如图 3-6 所示。根据搜

表 3-1　鱼木村住宅建筑集体记忆要素统计

要素	频数	频率（%）	要素	频数	频率（%）
连五间	86	88.6	王家小屋	16	16.4
双寿居	84	86.5	孙家大院	15	15.4
六吉堂	93	95.8	土司屋	47	48.4
张凤坪	53	54.6	东太平屋	18	18.5
三阳关居所	56	57.7	花生店	69	71.1
柳屋	16	16.4	纪念馆	55	56.7
紫草屋	18	18.5	大院口	20	20.6
平心馆	8	8.2	陈庄大院	16	16.4
李家小卖店	67	69.0	曹家口	10	10.3

表 3-2　鱼木村公共建筑及构筑物集体记忆要素统计

要素	频数	频率（%）	要素	频数	频率（%）
六吉堂广场旗杆	93	95.8	北粮店	10	10.3
勤工俭学旧址	13	13.4	陈家大院	13	13.4
老物件展览馆	25	25.7	王小铺	30	30.9
牌楼	95	97.9	大食堂	8	8.2
烈士墓	80	82.4	小白楼	8	8.2
张家大院	36	37.4	王家大院	14	14.6
李家大院	13	13.4	理发店	36	37.1
三阳关居所	56	57.7	首饰楼	32	32.9
南墙偏屋	25	35.7	大同工	10	10.3
刘家大院	10	10.3	照相馆	22	22.6

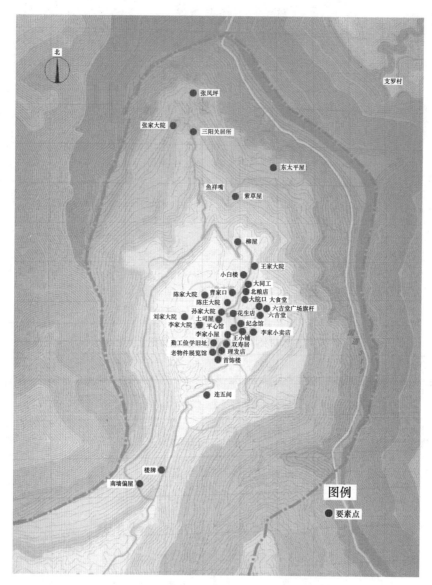

图 3-6　鱼木村建筑类集体记忆要素空间分布图

集的记忆要素，对其建筑高度与质量、建筑风貌与历史价值等方面分别展开讨论。

（1）建筑高度与质量

整个村落中，村民的空间集体记忆主要集中在 1~3 层建筑，高频记忆要素尤其集中在连五间、六吉堂、张凤坪等挂牌保护的传统住宅，均为 1 层、充分展现了当地传统的建造风格。4 层及以上的建筑在鱼木村总体数量不多，但其中也有 7 处记忆频度较高，均为近 5 年来村民自发修建，白墙平顶的现代风格在整体环境中显得十分突兀。

村民集体记忆在建筑质量上也表现得比较显著，本次研究中，主要根据建筑材料、年代的不同，将建筑质量分为较好与较差两个等级。例如孙家大院列为建筑质量好（图 3-7）、用黄泥土修建的双寿居列为建筑质量差（图 3-8）。村民对于建筑质量好的建筑记忆程度普遍更深，尤其是新修缮的传统住宅——双寿居、六吉堂排在榜首。相对于其他因素，村民集体记忆中对建筑质量好坏的敏感性更为强烈。

图 3-7　孙家大院

图 3-8　双寿居

（2）建筑风貌与文保单位

按照土家族建筑传统风貌，鱼木村建筑风貌可分为三类：高度展现当地传统风貌的文保单位、比较符合当地传统风貌以及不符合传统风貌。其中，大部分公共建筑均为前两类，其建筑用材、工艺装饰、施工工艺等都很好地遵循了土家族建造传统。

从村民记忆度来看，记忆度较高的高频要素集中于传统风貌和文保单位建筑，二者基本各占一半，并且集中分布在六吉堂（图 3-9）、老房子（图 3-10）、村北古墓、三阳关卡门附近的几处区域。也有少数高频记忆要素为新修建的现代风格公共建筑，均为花生店、李家小卖店等日常功能性场所。

图 3-9 六吉堂

图 3-10 老房子

3.2.4 开放空间

鱼木村开放空间集体记忆要素主要为街巷道路和公共空间，本次研究共统计20个要素，其频率和频次见表 3-3，空间分布如图 3-11、图 3-12 所示。

表 3-3 鱼木村街巷道路与公共空间统计

要素	频数	频率（%）	要素	频数	频率（%）
生基嘴巷	15	15.4	村口小路	12	12.3
老房子巷	32	32.9	张凤坪路	18	18.5
双墓堂巷	93	95.8	亮梯子	26	27.3
寨楼巷	34	34.9	连五间路	27	28.1
火神庙巷	71	73.1	双寿居路	14	14.6
老街	75	78.2	南关巷	10	10.5
集会广场	40	41.2	李家路	8	8.2
老校操场路	13	13.4	墓群路	36	37.4
三阳关卡门巷	56	57.7	鱼木洞卡门巷	18	18.5
六吉堂广场	73	75.2	双寿居旁广场	17	17.5

（1）街巷道路

鱼木村街巷道路按照记忆频率分为 3 个等级（图 3-11），其高频记忆要素主要为以六吉堂、双寿居等文物集聚区为中心区域的道路，村口小路以及村北古墓区域。这与道路的开放度、可达性高度一致。

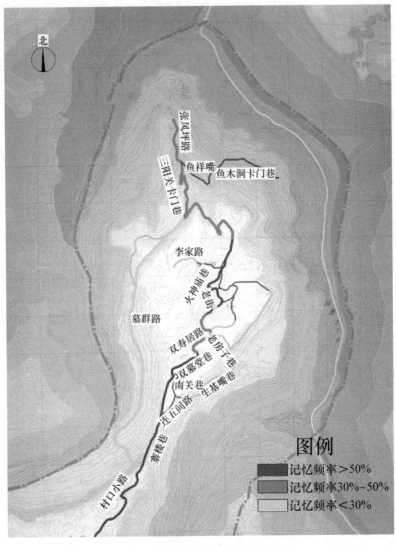

图 3-11　鱼木村街巷道路记忆印象统计图

（2）公共空间

在公共空间意象地图中共有 6 个代表性空间区域（图 3-12），主要印象聚集在以六吉堂广场、打谷广场为中心的区域，该区域具备很强的生活社交属性，而且位于村中心，有很高的交通便利性。另外几个区域都属于街巷密度较大的空间，空间使用程度也都较高，很大程度上形成了村落的标志性形象。

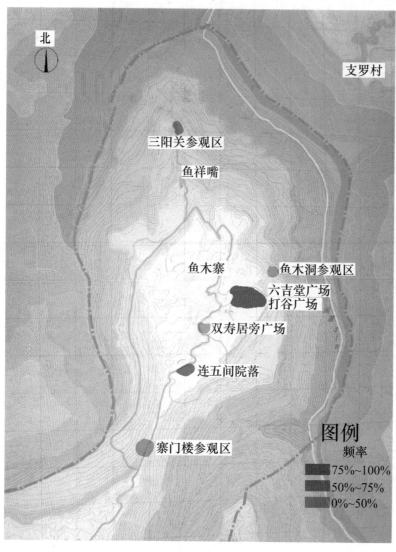

图 3-12　鱼木村公共空间记忆印象统计图

3.2.5 文化场所

鱼木村文化场所集体记忆要素主要为农业生活场所、祭祀文化场所，本次研究共统计 20 个要素，其频率和频次见表 3-4、表 3-5，空间分布如图 3-13 所示。

表 3-4 鱼木村农耕场所农业相关集体记忆要素统计

要素	频数	频率（%）	要素	频数	频率（%）
李家菜园	20	20.6	打谷广场	67	69.0
张家池塘	10	10.3	鱼木洞稻田	30	30.9
北粮仓	16	16.4	向�墓稻田	6	6.1
连五间稻田	59	60.8	新湾稻田	14	14.4
双凤居稻田	20	20.6	三阳关稻田	15	15.4

表 3-5 鱼木村民俗与祭祀场所 / 文化集体记忆要素统计

要素	频数	频率（%）	要素	频数	频率（%）
三阳关卡门	52	53.6	向志清夫妇墓	16	16.4
老房子	88	90.7	鱼木洞卡门	20	20.6
双墓堂	50	51.5	大岩洞卡门	11	11.3
寨门楼	97	100.0	向母黄君墓	13	13.4
向母闫君墓	86	88.6	成乾春墓	12	12.4

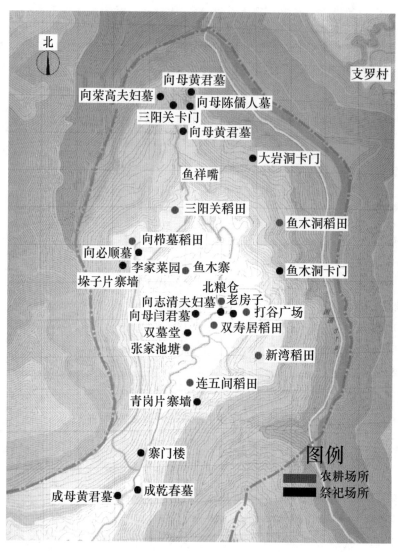

图3-13　鱼木村农耕、祭祀场所分布图

（1）农业生活

在农业生产场所中，绝大多数高频要素空间靠近耕地与村落公共空间紧密相连的地域，顺应稻田分布的趋势且形成条形带状区域，将村中因道路分割的生产片区连成一片（图3-14），勾勒出了农业生产活动的典型足迹。

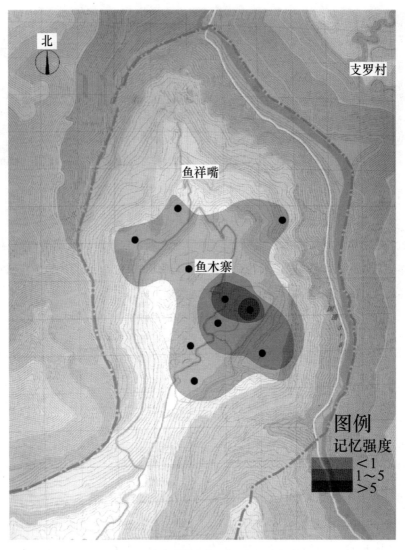

图 3-14　鱼木村村民农业空间记忆强度图

（2）祭祀文化

祭祀文化在鱼木村拥有悠久的历史，对村民的集体记忆产生了重要的影响。通过整理意象地图发现村民经常祭祀使用的场所为寨门、卡门（图 3-15）、墓碑（图 3-16）等，基本都是作为节庆日里村民经常集会、举行节庆活动的场所，其集体记忆深度也相对较强。

图 3-15　鱼木村三阳关卡门　　　　　　　图 3-16　向梓墓寿藏碑

在此类建筑中，村民对祭祀碑牌的记忆更为显著，见表 3-6，相对于为祭祀而修筑的建筑单体，村民们更关注历史属性、纪念属性较强的祭祀碑牌。而在村中修建的墓碑、墓牌等虽仅为进行家庭悼念祭祀使用的存在，但对来鱼木村旅游的游客却对单体墓碑、墓牌的记忆印象却较为深刻。

表 3-6　鱼木村祭祀碑统计表

序号	名称	年代	数量（块）	位置
1	寨门楼"奉修"碑	清	1	寨楼内东侧墙壁上
2	"万福攸同"碑	清	1	亮梯子栈道下岩坎上
3	"万古流芳"碑	清	1	鱼木洞洞额上
4	陈水高、成久远录"陈氏宗祠竣工碑"	清	1	祠堂湾
5	颖川桂林氏撰"陈氏宗祠记事碑"	清	1	祠堂湾
6	成永高、成久远立"陈氏祠庙祭田碑"	清	1	祠堂湾

3.2.6　记忆要素的演变

通过对记忆要素的统计分析（表 3-7），总结并归纳出村民集体记忆特征的演变过程及基本特征。在记忆要素数量上，鱼木村记忆要素共有 63 个，在鱼木村集体记忆要素演变过程中（图 3-17），10 个改革开放前时期的记忆要素消失，8 个改革开放后时期的记忆要素增加，集体记忆要素总体上增加较少，记忆要素更替不明显。另外，从改革开放前一直延续到现在的记忆要素有 7 个，分别是双寿居、六吉堂、寨门、鱼木洞卡门、双墓堂、三阳关卡门、张凤坪，以上均被列为当地历史文物保护单位，由此可见，具有传统历史文化属性的要素是乡村景观集体记忆的核心内容。

表 3-7　鱼木村集体记忆要素变化统计

要素类型	改革开放前（频数）	改革开放后（频数）	记忆增强	记忆减弱
建筑要素	15.6%（5）	33.3%（8）	√	
街巷道路	40.6%（13）	12.5%（3）		√
公共空间	9.3%（3）	25.0%（6）	√	
祭祀活动	28.1%（9）	12.5%（3）		√
农业活动	6.2%（2）	16.6%（4）	√	
合计	100%（32）	100%（24）	—	—

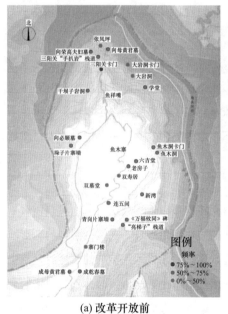

(a) 改革开放前

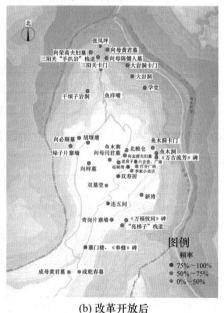

(b) 改革开放后

图 3-17　鱼木村集体记忆空间演变图

从属性上分析，记忆要素主要存在于建筑、空间、文化三方面，而其中建筑要素的比例从改革开放前的 15.6% 上升到了改革开放后的 56.2%，是所有要素中增长最为明显的一项，分析原因，是由于在改革开放前，鱼木村的建筑开发程度较低，且鸡头河谷地区的城市化程度不高，而改革开放后，城乡建设进一步发展，该地区进行旅游开发以及地产开发，新建了大量建筑，同时开发和营建了大量的乡村景观，使得建筑要素记忆逐步增加。除去主要建筑要素，剩下的空间、文化要素也在不同程度上有所减少，较为明显的是鱼木村祭祀活动的记忆要素比重略微下降，从改革开放前的 28.1% 降到了改革开放后的 25.0%，而公共空间及农业活动的记忆要素比重上升，公共空间及农业活动属于生活生产功能类的要素，村民的生活方式也逐步转变为乡村养生类型，相比之下，从之前以田间耕作为主的劳动方式，到如今更为健康的休闲养生类型，对公共空间的广场、公园等休憩功能空间的记忆程度更为明显。

3.3　鱼木村空间集体记忆的形成机制

3.3.1　自然环境的长期塑造

"一方水土养一方人"，山、水、林、田、湖等自然要素和山水格局，是乡村形态的特色基础，对乡村空间集体记忆形成重要影响。以农耕活动为主的鸡头河谷村民，更是对自然耕作条件相关要素依赖有加。自然环境也是集体记忆承载中最为稳定且最为持久的形式，一般情况下不会受到影响，只有在遭受重大自然灾害的情况下会产生改变。

（1）地形地貌

鸡头河谷地区地形地貌属于典型的喀斯特地貌，地势起伏较大，没有相对平坦的地方进行建设，形成了当地依山而建的整体聚落形态，在较为恶劣的地形地貌环境下，当地土家族村民开山建屋、逐水造田，在当地逐步构建了适应自身生存的村落环境，也正是这样独特的自然环境造就了土家族传统村落别具一格的乡村景观。为了躲避战乱以及外族的入侵，土家族先人们利用当地崎岖的地形地貌环境，构建军事防御体系，将地形结构特征发挥得淋漓尽致，也正是这样的背景之下，形成了当地村民世世代代难以割舍的集体记忆，不仅成为历史的见证，更深深地刻进了鸡头河谷地区土家族村民的心里。

（2）水系

传统聚落的选址大多与水有关，"逐水而建"是大多数乡村选址的方式，在鸡头河谷地区，鸡头河是唯一一支贯穿整片区域的水系，同时也是紧密联系鸡头河谷山地农业文化景观的廊道空间，这也成为了当地土家族聚落营建和集体记忆中不可或缺的重要因素。鸡头河谷两侧有着茂密的植被覆盖，中间有用石头堆砌的石坝控制河谷的水流，同时可蓄水避免河谷干旱，从而形成了鸭鸟丛生聚集的生态景观。

（3）稻田

鸡头河谷地区的稻田不仅是当地村民赖以生存的基础，也是当地乡村景观的主要支撑，农业耕种主要以水稻、玉米为主，将山地开垦成大片的梯田，多位于高山之上，村中各家各户占有田地，各自种植农作物，因此形成了蜿蜒曲折，却又变化多端的梯田景观。村民耕作通常结伴而行，这种互助互惠的方式使得耕地不仅成为生产用地，也成为重要的公共交往空间和集体记忆载体。

3.3.2　建筑环境的承载意义

建筑环境是指村民通过相应的建设活动而形成的物质空间环境，它包括建筑布局、公共空间、街巷道路等，它们具备相应的生活应用功能，同时也承载着村民本土的集体记忆。

（1）建筑布局

鸡头河谷地区有着独特的土家族建筑特征，房屋通常建造在陡峭的山地上，沿着复杂的地形布局建筑空间，尊重自然环境结构，顺势而为，从而形成没有明确布局核心的村落结构，当地村落结构多以零散形式分布于山沟和山坳之间，紧邻开垦的稻田。例如，鱼木村坐落于四面悬崖的山体之上，村庄四周峰峦逶迤，崖高谷深，整个村庄位于突兀的崇山峻岭之中，山下紧邻鸡头河，钓鱼滩瀑布飞泻而下。鸡头河谷地区正因为这样独特的地理环境，才造就了土家族村民这种居险自足的生存本领，使得该民族有着顽强的生命力，善于利用这里险峻的地理环境来适应本民族的发展。从史书记载中了解到，鱼木村在清朝嘉庆年间，因白莲教的频繁活动，为了防止贼匪流窜，在当地有名的团长谭登杰的带领下，修建了重重关卡，以防止外来势力的入侵，居高临下的险要地势给了当地人民一个相对安全的生产环境，相传在鼎盛时期，鱼木村有着数十座寨卡和寨楼，整个山寨固若金汤。

（2）公共空间

在鸡头河谷区域，每个村落具有的共同特点就是村落中有一个属于当地村民集会用的公共广场，且大多数村落的公共广场位于整体村落结构的核心区域，该区域承担着当地村落的祭祀、娱乐、节庆等功能。例如，鱼木村六吉堂广场，全村最重要的公共中心，四周有护村环绕，每逢节日及重要事宜集会，全村老老少少都会聚集于此。也正是这些大大小小的公共空间，具有的集会功能将空间的聚集性发挥出来，使得空间对村民的吸引力大大增加，将集体记忆进一步加强。

（3）街巷道路

鸡头河谷地区传统村落以村广场为核心，周边道路串联村中主要干道，依据地形走势，大大小小的街巷道路穿插其中，使得整个路网遍布各家各户，提高了村民出行的便利程度。街巷道路的通行影响着村落中人流量的大小，空间里人流量也影响着人们对区域空间集体记忆的形成。高的人流量带给空间高的人流密度，使得空间中人们对该区域的认同度更高。

3.3.3　习俗文化的深远影响

地域文化是传统乡村聚落的重要标志，它是构成一个乡村聚落精神文化、生活方式、集体记忆的核心要素，用来形成乡村聚落民族信仰，反映一个乡村聚落里成员的凝聚程度和价值观念的重要标志。鸡头河谷在历史的长河中，因其独特的地形结构，富有土司制度以及多元民族文化，形成了当地独具一格的文化习俗。在当地重大节庆活动的时候，附近村子都会齐聚一起共同庆祝，它不仅是当地民俗特色的一种表现方式，更是寄托当地村民习俗文化记忆的重要载体。

鱼木村有独特的"碑墓"文化，在当地有着把白事当作红事的传统，因为当地村民都相信，在人过世之后会去往西方极乐世界，而不是去了地狱。人们常常用祭祀活动来祭奠死去的人，鱼木村有句词叫"亡人死去好有福，睡得一副好板木"，这也是鱼木村人对死亡的敬畏以及对前人的虔诚敬意，对本村子亡故的人一份慰藉，不管在活着的时候有多穷，在人死了之后都要修建一副富丽堂皇的碑墓来厚葬，这就是鱼木村人对死者的态度。有时候并不一定是在死后才来修筑，有人在生前就开始修筑自己死后的碑墓也是极为常见的，他们称此为"生基"，有的甚至将自己的坟墓修筑在自己住宅里面，叫人鬼同屋，也称之为"碑屋"。因为他们认为自己家人死后会保佑整个家族的人及后代，让亲人死者的坟墓靠近自己的住宅使得他们有安全感。他们会将自己的祖先的坟墓建造得非常宏伟壮观，甚至是按照生前居住的庭院和住宅一样建造，尽自己最大的努力为祖先建造一个能够遮风挡雨的场所，然后像祭拜神灵一样，来供奉自己的祖先，这就是鱼木村人独特的碑墓文化，也造就了这个地区独有的集体记忆。

3.4　鱼木村空间集体记忆的演变逻辑

3.4.1　村落结构与民居组合

建筑是组成乡村景观的重要因素，建筑组合是组成村落空间布局形态的基本单元，其不仅具备建筑功能和空间属性，同时也蕴含着宗教民俗等文化属性。无论是功能特征还是文化属性特征，在村落结构和民居组合上均有体现。相互影响的同时，也相互制约，当功能结构不再满足当地村民的需求时，村民往往会在遵从文化属性的前提下去寻求改变，而不是一味地为了满足当前需求而进行改变。建筑高度及体量是影响村民集体记忆的主要要素，鱼木村记忆度较高的建筑多为一层，且均匀分布于村落中。建筑高度高的建筑虽然醒目，容易被人们记住，但应注意的是，由于过高的建筑对历史风貌的破坏所造成的印象多是负面的。相对而言，村民对建筑高度较低的建筑更容易有亲和的印象，如鱼木村的双寿居、张凤坪等。控制传统村落建筑的高度是符合整体风貌建设的必要手段。由此反映出具有明显风格的建筑风貌以及建筑质量很好的建筑都会产生深刻的印象，而在极具当地特色的建筑风貌大环境下，新修的当代建筑却产生较为负面的集体印象，破坏了整体村落建筑环境，负面影响更为明显。

3.4.2　习俗文化空间的位置分布

习俗文化空间在村落中的反映主要集中在开放空间层面，开放空间在村中对村民记忆度的影响是重要因素之一。开放空间具有的空间分布优势会促使村民的集体记忆更容易形成，如寨门楼、老房子等。而寨墙、栈道等基本都不与周边道路相邻，故而其影响作用并不显著。当场所成为意象被人关注时，场所会因其开放程度的强弱来影响其场地的可达性与关注度。因此，开放空间的开放程度强弱会直接影响村民在其中的感受程度，从而影响集体记忆的形成强度。例如，广场、院子、景观小节点等开放程度较强的场所更容易使村民记住。由此可见，选择构建一些适合开放空间的功能来提高其场所的可达性和关注度，就可以加强村民对该开放空间集体记忆的强度。

3.4.3　乡城转化中的集体记忆演变

传统乡村在城市化的大背景下，产业结构发生改变，从以前的农耕转化为现在的乡村旅游，无论是人口、景观、职业都发生了乡城转化，同时也影响着乡村集体记忆的构建。宗祀文化是传统乡村集体记忆的重要组成部分，也是联系村民与个体之间的纽带，因此，宗教祠堂、祭祀古墓等具有传统宗祀意义的集体记忆要素成为了组成整个乡村集体记忆的核心。在传统乡村里面，村民与村民之间常常表现为以血缘关系或邻里关系为纽带的集体记忆方式，例如，在农业生产中，邻里之间协作的劳动关系，使彼此之间建立了相同或相似的记忆方式，抑或在血缘关系里，因村里的民风民俗，造成了以家庭或族氏为单位的群体形成相似或相同的思维方式，从而构建出相同或相似的记忆。

相比于乡村内部关系，外来关系对集体记忆的影响更加直观。随着乡村振兴、新农村建设等城市化背景下建设措施兴起，机械劳作逐步替代了传统农耕生产方式，旅游发展新兴了旅游产业，使得村民生产生活逐步向第三产业倾斜，同时也增加了许多外来务工人员。新建的宿舍、食堂、广场等形成了新的记忆群体，这种群体关系带来的不仅是集体记忆空间的转移，更是与之前乡村亲属、族氏关系的分离，使得乡村集体记忆发生了转化，集体记忆的重心逐步转移到乡旅产业中去。

3.4.4　空间集体记忆的不同构建方式

鸡头河谷地区乡村景观集体记忆演变是基于乡村发展而建立起来的，综合前面分析，可以将其记忆空间总结为"收纳式"记忆空间与"构建式"记忆空间两种方式（图3-18）。记忆空间建立通常可以理解为一个场所容纳记忆的这种现象，即为空间建立记忆，这在乡村景观上表现得较为明显，主要为休憩场所、宗祠、古墓等，这些要素不仅是村民休憩、祭祀、活动、集会等主要社会行为的场所，而且被重新定义为地标、景点等具有旅游价值的单位，这类具有"收纳"记忆的场所，通过空间来容纳集体记忆。而另一类，通过乡村建设的发展，新建设一些公共设施，如公园、广场、茶楼等，通过这类新建立的场所创造空间来吸引记忆，则定义为"构建式"记忆空间，它并非原本就承载某类重要集体记忆，而是在日常使用过程中慢慢建立起来的，具有明显的聚集性，并且仍然具备乡村集体记忆的内核。

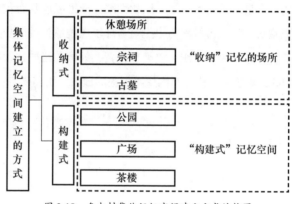

图 3-18　鱼木村集体记忆空间建立方式结构图

3.5　本章小结

本章基于集体记忆的研究视角，对鱼木村村落环境集体记忆特征、特征成因、特征形成及演变机制进行了剖析，生动地阐释了村落环境特征、社会文化活动与空间集体记忆的相互影响关系。建筑要素层面：高质量的低层建筑体现了在村落环境中显著的亲和力。开放空间层面：院落的开放程度直接影响公众的参与程度与直观感受，开放程度较高的空间更能让公众接受。文化场所层面：无论是日常生活空间还是节庆文化空间，农耕活动以及祭祀活动频繁的区域，其可达性和开放性较强。集体记忆不仅有物质层面的影响，让村民留下深刻印象的还有主观意识上的人为使用影响。

鱼木村集体记忆面临的问题包括建筑要素的显著增长与风貌冲突；传统祭祀文化的减弱，历史文物保护单位的核心地位与保护需求；公共空间及农业活动要素比重上升，生活方式转变对公共空间功能的影响等。这些挑战需要综合考量保护与发展，以实现乡土聚落的可持续传承。

　　基于村落结构与建筑组合、开放空间位置以及文化习俗空间成为影响鱼木村意象形成的重要因素，建议在今后村庄建设中进一步加强对历史建筑的保护；同时，考虑到村中新修房屋的建设多将传统的院落拆除后进行重建，拔高了原本的建筑高度或在片区内直接建立现代高楼，这在一定程度上破坏了环境的原本风貌，导致村落质量大不如前。针对鱼木村的实际情况，建议进行文物保护和维修，整治周边环境，如六吉堂、上老房子等；抢救性维修一批濒危且有较高历史、文化价值的重点历史建筑，防止古村落历史建筑与环境风貌遭到进一步的破坏；完善部分基础设施建设，如自来水系统、消火栓设置、外围道路加宽改造、停车场的建设；修缮和加固古寨遗存，修补寨内道路破损的地方，如亮梯子、三阳关栈道、主要步道等。

第 4 章　不同地域乡土聚落的 集体记忆与空间意象： 京西、黔中四村

　　本章以北京市门头沟区的灵水村和爨底下村，以及贵州省安顺市的鲍家屯村和高荡村为例，对比分析了四个不同地域、旅游发展模式差异显著的乡土聚落中村民的空间集体记忆，并剖析其成因及影响机制。研究结果显示，各聚落的区位差异、历史文化、聚落形态和地理环境均对村民的空间集体记忆特征产生影响，而随着旅游发展的影响提升，乡土聚落中村民的空间集体记忆体系完整性逐渐降低，点状集中的特征愈发明显。此外，相较于政府和企业共同主导的旅游经营方式，村集体主导的旅游经营方式下，村民空间集体记忆中的主要要素体系完整性更低，且占总要素的比例也较小。

4.1　京西、黔中四村概况

　　不同乡土聚落空间集体记忆的差异来自诸多方面的影响，除了区位环境条件的不同，乡村旅游的发展程度、经营模式的影响也极为显著。由此，特选取邻近特大城市北京和相对偏远的黔中地区各两个旅游发展存在差别的传统乡土聚落，开展相关的实证研究。其中旅游发展程度以旅游发展年限、旅游年收入为衡量指标，旅游经营模式主要以旅游经营主体来参考划分。

　　研究对象确定为北京市门头沟区爨底下村、灵水村和贵州省安顺市鲍家屯村、高荡村（表 4-1、图 4-1），其旅游发展程度分别为强、中等、较弱、未开发，而其中灵水村、高荡村的旅游经营模式均为政府和企业共同经营，爨底下村为村集体

经营（表4-2）。

表4-1　四村基础信息对比

聚落名称	行政面积 （公顷）	核心区面积 （公顷）	耕地面积 （亩）	户数（户）	总人数（人）
灵水村	13.7	11.5	205	230	657
爨底下村	5.3	3.0	179	37	93
鲍家屯村	13.9	4.3	3601	710	2572
高荡村	7.6	1.9	540	282	1353

(a) 灵水村鸟瞰

(b) 爨底下村鸟瞰

(c) 鲍家屯村鸟瞰

(d) 高荡村鸟瞰

图 4-1　灵水、爨底下、鲍家屯、高荡四村鸟瞰

表 4-2　四村村民集体记忆影响因素特征表

聚落名称	旅游发展			旅游经营		区位	
	旅游发 展年限 （年）	旅游年 收入 （万元）	旅游发 展程度	旅游经营 主体	旅游经营 模式	地理位置	区位特征
灵水村	10	80	中等	政府、企业	政府和企业 共同经营	北京市门头沟区	特大城市周边

续表

聚落名称	旅游发展			旅游经营		区位	
	旅游发展年限（年）	旅游年收入（万元）	旅游发展程度	旅游经营主体	旅游经营模式	地理位置	区位特征
爨底下村	20	1000	强	村集体	村集体经营	北京市门头沟区	特大城市周边
鲍家屯村	0	0	未开发	无	无	贵州省安顺市西秀区大西桥镇	相对偏远地区
高荡村	2	150	较弱	政府、企业	政府和企业共同经营	贵州省安顺市镇宁县环翠街道	相对偏远地区

4.1.1 灵水村

灵水村坐落于门头沟区斋堂镇（图 4-2），第二批中国历史文化名村 [图 4-1 (a)]。整个聚落被百花山、灵山等群山环绕，平面形态呈"龟"形，三条主街顺地势起伏。村中寺庙众多，有灵泉禅寺、南海火龙庙、娘娘庙、魁星楼、文昌阁等。

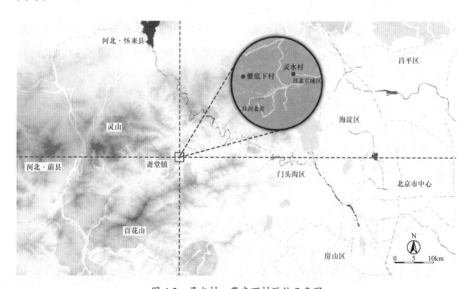

图 4-2 灵水村、爨底下村区位示意图

作为京西古道中的一个重要节点，灵水村自古就形成了富有特色的农、商结

合的生产、生活方式。明清以来，村中有 20 多人考取举人，因此灵水村被当地人称为"举人村"。灵水村旅游发展已有 10 余年，形成了政府与企业共同经营的旅游发展模式，旅游年收入 80 万元，旅游发展程度中等。

4.1.2 爨底下村

爨底下村位于北京市门头沟区斋堂镇的西北部，是一个拥有数百年历史的古村落［图 4-1（b）］。古建筑学家罗哲文称其为"中国古典建筑瑰宝的明珠"。2003 年、2012 年，爨底下村分别被评为第一批中国历史文化名村和第一批中国传统村落。

从爨底下村向西北方向步行约 1.3 千米，会到达一个非同寻常的地方——爨头。此处地理位置险要，扼守着三沟（柏峪沟、爨宝玉沟、双头石沟）的要冲，远望似灶。在辽国时期，此处被修建为军事隘口——南暗口。据宋代《契丹国志》记载，宋宣和四年（1122）年底，金兵分三路攻打辽南京（今北京），大将完颜宗翰（即粘罕）在此处出奇兵，"直逼城下，萧妃夜遁"。到了明代，为了加强北方边疆的军事防御，明政府在此处再度设立军事隘口——爨里口。《门头沟文物志》记载："爨里口，明景泰二年（1451）建关，有正城一道，旁有守口千户李宫于正德十四年（1519）孟夏修筑古道一条。"当时，永定河畔的沿河城守备府衙派韩姓军士来此驻守，受天津关千户所辖。万历六年（1578），明政府为加强对天津关、爨里口一带隘口的防守，又增派军队驻防。自此，爨里口军兵云集，眷属渐至，久而成村。因村址在爨里口之下，故得名"爨底下"。由此，爨底下村很早就在农耕生产的基础上发展驿站商业，也成为一处农商结合的聚落。

聚落现存大量保存完好的山地四合院等历史建筑，主要位于峡谷北侧缓坡上，其布局适应山地独特的地形，不严格追求对称庄严、规则严谨，但强调长幼尊卑、等级分明，多数四合院保持了坐北朝南的格局。

爨底下村距离北京中心城区不足 100 千米，是容易到达的旅游目的地。爨底下的旅游业在村集体的主导经营下发展已有 20 余年，旅游年收入高达 1000 万元，旅游发展程度较高。

4.1.3　鲍家屯村

鲍家屯村位于贵州省安顺市西秀区大西桥镇，是安顺屯堡的典型代表［图 4-1 (c)］。该地区为熔岩地貌，但河谷平地散布，其间溪流穿过，适宜人类定居。鲍家屯村始建于明朝洪武二年，由从安徽受命前来的鲍氏军队在此驻扎屯田而得名。鲍家屯村处于岩溶地貌中平坦的坝子，其间有河流穿过。整个古聚落平面形态集中，碉楼与内部的"八卦阵"街巷，突出了防御功能。鲍家屯村的古水利工程至今仍发挥着重要的水利枢纽作用。

聚落选址注重"看风水"，龙、砂、穴、水、向一个不落，全部占全。（1）村寨后倚来龙，山昂而秀，也叫"依山"；左砂（竹子园）和右砂山（菜秧坡），东西相对有照；（2）村落中轴线（龙脉线）明显，是村寨的正穴，正穴作为全村公用场所，不准私占私建，此中心地段设置大街（长 60 米，宽 12 米）大街往北建汪公殿、大佛殿、关圣殿、鲍氏祠堂；（3）村落坐北朝南，是最佳朝向，即风水师倡导的"子午向"；村前大田坝，银水多情来环抱（风水学称的"抱水有情"也叫"傍水"），傍水有利农灌、洗涤、食用等主要功能；（4）明堂宽大、平坦，通风向阳宜田耕；（5）水口关锁周密连环套。这些风水原则，是生活实践的积淀。鲍家屯民风淳朴，尚未进行旅游开发，传统风貌保存完整。

4.1.4　高荡村

高荡村位于贵州省安顺市镇宁布依族苗族自治县县城西南，是典型的传统布依族村寨［图 4-1 (d)］。据村民口述，1800 年左右，为躲避战乱，高荡村的祖先从桫椤河旁迁至今天群峰环绕较为隐蔽的现村址，四面环绕喀斯特峰林，一条小路从山峰的隘口间自西向东从寨中经过，成为仅有的对外联系的通道。高荡古村落背靠小山包，面向较为开阔的田野。布依民居依山势地形而建，排列有序，多数房屋坐北朝南，仅东山脚下有少量房屋呈东西向。山上仍保留着碉楼及古营盘等三处古代军事防御堡垒遗迹，以备战时防御、避难、储物之用。政府近几年在老寨的西南方模仿聚落古建筑建设了新的民宅，许多年轻人都已迁入新寨生活。

　　高荡村自 2013 年起，被当地政府列为旅游开发重点村，由政府和企业共同开发经营，2018 年旅游年收入 150 万元，旅游发展程度较弱。但与鲍家屯村相比，高荡村的整体环境原真性在旅游开发过程中受到了一定程度的影响（图 4-3）。

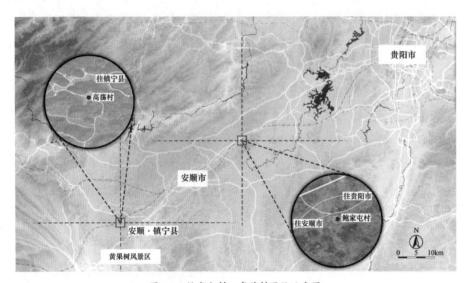

图 4-3　鲍家屯村、高荡村区位示意图

4.2　数据收集与处理

4.2.1　数据收集

　　研究以哈布瓦赫提出的集体记忆理论为基础，并借鉴凯文·林奇提出的城市意象理论及其区域、道路、边界、节点、标志对传统聚落村民空间集体记忆中的要素进行描述。研究主要通过认知地图、半结构式访谈两种方法获取村民空间集体记忆。认知地图是获取村民空间集体记忆的主要方法，半结构式访谈获得的空间集体记忆可以作为认知地图方法的检验，其获得的非空间要素可以作为解释空间集体记忆成因的依据。认知地图在使用过程中，考虑到村民的绘图水平参差不齐，故采用了自由描画法（在白纸上自由勾画）和限定描画法（在打印的地图上进行勾画）两种方法。针对不便绘图的老人使用半结构式访谈法，同他们聊日常琐事或生命中的重要经历，之后将访谈录音整理为电子文本，统计空间和非空间要素的词频，同样可以得到村民的集体记忆。

4.2.2　数据处理

　　根据各聚落人口数量，按比例确定认知地图法和半结构式访谈法的样本数量，最终获得的样本数量基本达到预期（表 4-3）。两种调研方法所得数据对应的处理方法如下：

　　（1）空间要素地理偏差校正：将认知地图［图 4-4（a）］改绘到卫星图上［图 4-4（b）］，对村民认知地图的信息和实际地理位置之间存在的偏差进行校正。

　　（2）空间要素频数频次统计：按照"区域、道路、边界、节点、标志物"五类空间要素统计频次及频率［（频次/认知地图样本数）×100%］。为了方便各村之间对比，根据统计结果以 20% 的频率为界，将空间要素分为主要要素和次要要素两类［图 4-4（c）］。

　　（3）意象地图绘制：将主要要素和次要要素绘制到卫星图上，得到相对抽象的各聚落村民的意象地图［图 4-4（d）］。

表 4-3　调研数据数量

聚落名称	认知地图（张）	半结构式访谈（人）	总人口（人）
灵水村	36	36	657
爨底下村	20	5	93
鲍家屯村	69	14	2572
高荡村	32	12	1353

 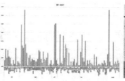 

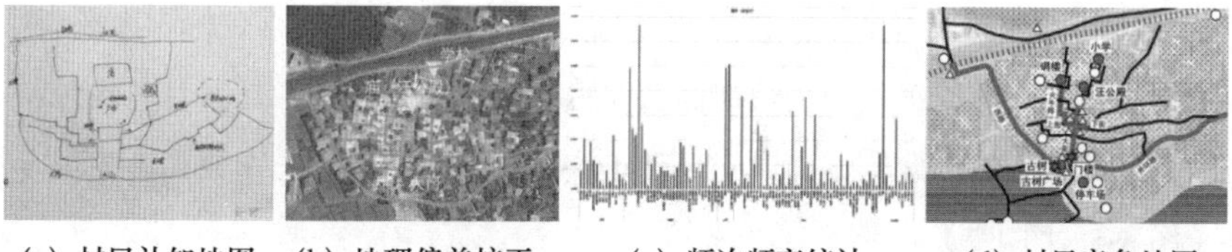

（a）村民认知地图　（b）地理偏差校正　（c）频次频率统计　（d）村民意象地图

图 4-4　认知地图绘制

对访谈结果进行内容分析，将访谈的文字用"语料库在线"网站的字词频率统计进行词频分析，将统计结果按照空间要素、建筑构件、生产生活、文化历史进行分类。其中，将空间要素的统计结果作为对认知地图结果的检验；将建筑构件、生产生活及文化历史的统计结果作为解释空间集体记忆成因的依据（图4-5）。

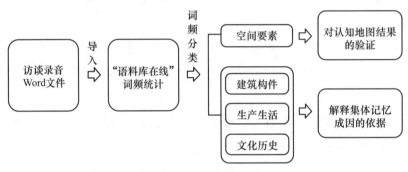

图 4-5　半结构式访谈方法

4.3　京西、黔中四村的空间集体记忆特征

4.3.1　灵水村村民空间集体记忆

灵水村村民的空间集体记忆的空间体系较完整。绝大部分村民对聚落的认知不局限于聚落本身，还包括聚落周围的田地和山。在区域要素中，村民对村口广场的认知程度最高，对聚落、田地、山等空间要素认知程度低。认知程度高的道路要素包括东西向的前街、中街、后街及南北向的主街，其中对后街的认知程度最高。村民对边界的认知较为模糊。在众多的节点要素中，村民印象深刻的要素包括两类，一类是村中众多的寺庙，另一类是热播电视节目《爸爸去哪儿》的五个院子，此外，村民对粥铺、粥棚及商号的认知程度也偏低。在标志物要素中，村民对灵芝柏、雌雄银杏树、柏抱榆三棵古树印象最为深刻，其次对老戏台和八角龙池的印象也较为深刻，而对于近几年旅游开发建造的标志物要素认知程度不高（图4-6、图4-7）。

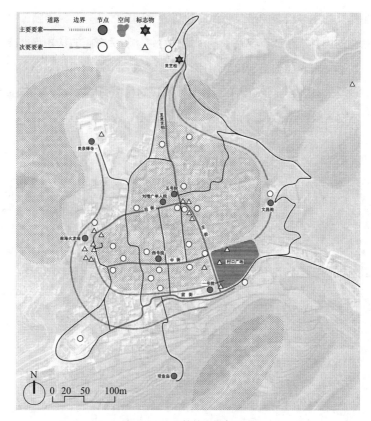

图 4-6　灵水村村民意象地图

图 4-7　灵水村意象（从左至右为：灵泉禅寺、火龙庙、灵芝柏、文昌阁、村口影壁）

4.3.2　爨底下村村民空间集体记忆

爨底下村村民的空间集体记忆的空间体系不太完整，主要集中在几个点，多数沿几条主要的参观游线分布。村民对区域要素印象不深刻，有少数的村民提到周围的山，极少数村民提到了周围的聚落与爨柏景区。村民提到的道路要素主要包括通往主要景点的路和主路，其中，村民对连接娘娘庙的山路认知程度最高，其次是主路及村中半山腰的路。村民对边界没有明确的认知，仅提到了村北侧的界线与村南的山脊。在节点要素中，村民对娘娘庙和关帝庙的认知程度最高，其次为财主院、关帝庙前的亭子和五道庙，村民对戏台、村口摊位、小卖店、爨宝客栈等旅游及公共服务设施的认知程度低。村民对村中的标志物没有深刻的印象，提到的标志物主要为景点和旅游标志牌（图4-8、图4-9）。

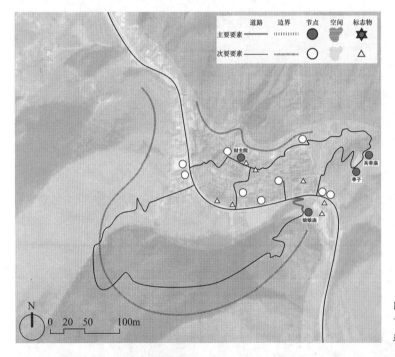

图4-8　爨底下村村民意象地图

图4-9　爨底下村意象（从左至右为：亭子、关帝庙、娘娘庙、财主院）

4.3.3　鲍家屯村村民空间集体记忆

　　鲍家屯村村民的空间集体记忆的空间体系相对完善，对聚落的认知不局限于聚落本身，还包括了聚落周围的环境。在区域要素中，村民对小青山、河边田地的印象最深刻，其次对古聚落也有较高的认知程度，少数村民还提到了整个鲍家屯及周围的群山。村民对道路记忆得体系完整，对"八卦阵"包含的街巷与通往大西桥镇的路有较高的认知程度，一部分村民还提到了袋子街和西街。在边界要素中，村民对河、铁路有着强烈的认知，少数居民还提到了汪公殿广场的南边界、双树广场和门楼广场的边界，但村民对古聚落和整个鲍家屯的边界没有清晰的认知。村民的记忆中出现了众多的节点要素，其中村民认知程度最高的是小学、碉楼、汪公殿，村民对家、水碾房、古树广场、停车场也有深刻的印象，极少数村民还提到了陈列室、舞台、明四合院和公厕。村民记忆中的标志物要素主要分布在聚落的中轴线上，对门楼的认知程度极高，对古树也有深刻的认知，部分村民还提到了涵洞和村外的牌坊（图 4-10～图 4-12）。

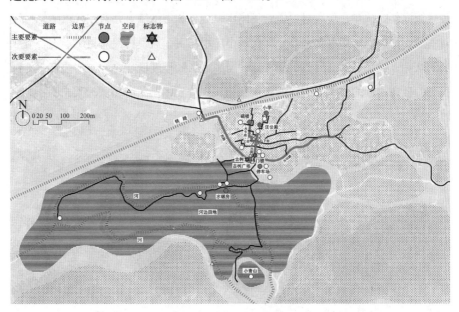

图 4-10　鲍家屯村村民意象地图

图 4-11　鲍家屯村意象（从左至右为：汪公殿、门楼、古树广场）

图4-12　鲍家屯村意象（从左至右为：铁路、大街、碉楼、河边田地）

4.3.4　高荡村村民空间集体记忆

高荡村村民的空间集体记忆的空间体系不够完整。在区域要素中，村民对高荡村、古寨、新寨及水稻田认知程度高。在道路要素中，村民对东西主路、石板路、通往古桥和古堡的路印象深刻，其次对通向家、古堡、古云盘的路也有较深刻的认知。在边界要素中，村民对桫椤河的印象最深刻，其次对古寨边界也有较深刻的认知，少数村民提到了高荡村边界和古围墙。在节点要素中，村民对古堡、古桥的认知程度最高，其次是小广场和古云盘，村民对大广场也有较深刻的认知。村民对家、展览馆、古墓、山洞等认知程度低。在标志物要素中，村民对门楼和古井的印象最为深刻，少数村民还提到了指路牌和篮球架（图4-13~图4-15）。

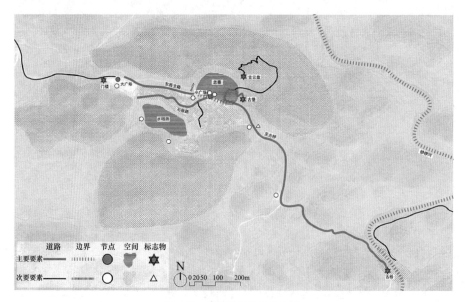

图4-13　高荡村村民意象地图

图 4-14　高荡村意象（从左至右为：老寨、水稻田、石板路、杪椤河、古堡）

图 4-15　高荡村意象（从左至右为：古桥、古井、小广场）

4.4　京西、黔中四村空间集体记忆特征差异及影响机制

4.4.1　村民空间集体记忆特征差异

　　四个传统聚落村民的空间集体记忆存在许多共同点。村民的空间集体记忆中节点要素最丰富，其次为道路，出现最少的要素为边界。村民认知程度最高的一类要素为节点，其次为道路，认知程度最低的为边界。村民对聚落的认知均不限于聚落本身，还包括聚落周围的环境如山和田地。村民印象深刻的街道均包括主要的交通性道路和通往主要景点或历史遗迹的道路。村民对整个聚落的边界都没有清晰的认知。村民空间集体记忆出现的节点可分为宗教建筑和场所、体现聚落特色文化的古建筑或遗址、旅游服务建筑及设施、家和聚落公共服务建筑四类，村民印象深刻的节点大多为宗教建筑、场所及体现聚落特色文化的古建筑或遗址。标志物要素均与景点或历史遗迹有关（表 4-4）。

表 4-4　四村空间要素个数及认知频次百分比

要素类别	爨底下村		灵水村		高荡村		鲍家屯村	
	要素个数	认知频次	要素个数	认知频次	要素个数	认知频次	要素个数	认知频次
区域	16.28%	11.49%	9.88%	6.25%	20.00%	19.91%	13.46%	10.58%
道路	25.58%	22.99%	20.99%	28.95%	27.50%	27.43%	27.88%	33.70%
边界	4.56%	4.60%	6.17%	2.30%	10.00%	9.29%	4.81%	9.37%

续表

要素类别	爨底下村		灵水村		高荡村		鲍家屯村	
	要素个数	认知频次	要素个数	认知频次	要素个数	认知频次	要素个数	认知频次
节点	39.53%	50.57%	44.44%	48.36%	32.50%	36.28%	42.31%	34.31%
标志物	13.95%	10.34%	18.52%	14.14%	10.00%	7.08%	11.54%	12.04%
总计	100.00%	100.00%	100.00%	100.00%	100.00%	100.00%	100.00%	100.00%

　　在区位相同的情况下，旅游发展程度越高的传统聚落村民空间集体记忆在空间分布上呈现出的体系越不完整。五类要素中区域要素体系更完整且村民对其印象更深刻；节点要素更不完整，但村民对其认知程度更高；标志物要素体系更不完整且村民对其认知程度更低。

　　旅游发展程度较高的传统聚落村民集体记忆中，区域要素除了聚落本身还包括相邻的聚落或聚落所属的乡镇；道路要素多为旅游游线而缺少与村民生活相关小路；边界要素中与整个聚落的边界相关的要素更多；节点要素与景点高度重合且认知程度高的要素集中在少数要素上；更多的标志性要素与旅游景点相关。

　　区位靠近特大城市的传统聚落村民空间集体记忆在空间体系的完整度更低，村民空间集体记忆中节点和标志物要素数量多且村民对这两类要素的认知程度更高，而区域、道路、边界要素数量少，且村民对这三类要素的认知程度也更低。在区域要素中，京西村民对聚落周围的田和山的认知程度低于黔中，且对古聚落基本无认知，而黔中村民对古聚落的认知程度高。京西传统聚落村民印象深刻的道路类别相比黔中多了通往寺庙建筑的路。黔中村民对边界要素的记忆更丰富且对河流印象深刻。京西传统聚落村民对家和聚落公共服务建筑的认知程度比旅游服务建筑及设施低，而黔中则相反。在标志物要素中，京西传统聚落村民仅提到了少数旅游景点，且认知程度低，黔中村民的记忆更为丰富，且集中分布在村民公共活动的空间中（表4-5）。

表 4-5　京西与黔中传统聚落五类空间要素个数及认知频次平均百分比

要素类别	京西两聚落		黔中两聚落	
	要素个数比例	认知频次比例	要素个数比例	认知频次比例
区域	13.08%	8.87%	16.73%	15.25%
道路	23.29%	25.97%	27.69%	30.57%
边界	5.41%	3.45%	7.41%	9.33%
节点	41.99%	49.47%	37.41%	35.30%
标志物	16.24%	12.24%	10.77%	9.56%
总计	100.00%	100.00%	100.00%	100.00%

　　爨底下村的旅游经营模式为村集体主导，灵水村和高荡村均为政府和企业共同主导。对比以上三个聚落的村民空间集体记忆发现，村集体主导的旅游经营模式相比政府和企业共同主导的旅游经营模式，村民空间集体记忆中主要要素占总要素的比例更低，且主要要素的五要素体系更不完整，其中，主要节点要素的比例更高，其余四类主要要素比例更低（表 4-6）。

表 4-6　四村村民空间集体记忆中主要要素数量占要素总数的比例

主要要素类别	爨底下村		灵水村		高荡村		鲍家屯村	
区域	0	0.00%	1	7.69%	4	28.57%	2	11.11%
道路	1	20.00%	5	38.46%	4	28.57%	5	27.78%
边界	0	0.00%	0	0.00%	1	7.14%	2	11.11%
节点	4	80.00%	6	46.15%	4	28.57%	7	38.89%
标志物	0	0.00%	1	7.69%	1	7.14%	2	11.11%
总计	5	100.00%	13	100.00%	14	100.00%	18	100.00%
主次要素总数	43		81		40		104	
主要要素占比	11.63%		16.05%		35.00%		17.31%	

4.4.2　村民空间集体记忆的影响机制

　　四个传统聚落村民空间集体记忆呈现了许多共同特点，其与聚落的空间结构具有相似之处有关。传统聚落村民空间集体记忆中节点和道路更丰富、认知程度更高与聚落简单的点线结构有关。由于传统聚落村民的生产生活范围不局限于村子里，村民是将聚落和周围的环境看作一个整体来认知的，所以，在区域要素包括了聚落本身及其周围的山和田地。随着聚落的扩张，村子的整体形态不再规则，所以，村民对村子整体很难有清晰的认知。宗教建筑及场所既承载了聚落的文化，同时也寄托了村民对美好生活的愿望，体现聚落特色文化的古建筑或遗迹是传统聚落历史的见证，也是旅游发展的特色，因此，村民对这两类节点印象深刻，并对通向两类节点的路及其中的标志物也很重视。

旅游开发冲击了村民传统的生产生活，继而减少了村民对相应空间的使用，表现在村民空间集体记忆中体现为空间体系完整度的降低。旅游开发使得村民除了对聚落中的区域有印象外，还对聚落本身这个景区或聚落隶属于的较大景区的范围有深刻印象，出于对旅游开发竞争和旅游发展政策的关注，村民对周围的聚落或镇也有认知，所以，旅游发展程度高的传统聚落村民空间集体记忆中区域要素空间体系更完整且认知程度更高，且村民对聚落景区的边界印象更深刻。旅游发展程度高的传统聚落更注重景点的打造，而那些与村民生活相关但不能开发为景点的节点逐渐被忽视，随着村民逐渐向导游的角色转变，他们的空间集体记忆也逐渐与景点高度重合，因此，村民空间集体记忆中的节点要素空间体系的完整度降低，但认知程度提高。旅游开发使得村民空间集体中的标志物要素多以"指路牌"的角色出现，而不再与村民自身的生活相关，因此标志物要素空间完整度低且认知程度低。旅游开发更关注服务于游人的游线规划，而村民使用的生活型小路，则不再被关注，导致村民空间集体记忆中道路要素空间体系完整度降低和认知程度降低。

京西和黔中的传统聚落区位不同，聚落的历史文化、聚落形态及地理环境存在差异，且获得旅游开发的机会也不同，这些方面共同导致了京西与黔中传统聚落村民空间集体记忆的差异。京西传统聚落中的古聚落区域平面形态不规则且无清晰边界，而黔中两个传统聚落中的古聚落均较为集且平面形态明确，且在旅游开发过程中古聚落得到整体保护，因此，村民对古聚落的认知程度高。黔中传统聚落均毗邻河流，河流作为"财"的象征和灌溉用水来源受到村民重视。因此相比京西，古聚落与河流是黔中村民空间集体记忆中具有特色的要素。黔中传统聚落中的宗教场所位于聚落中央，而京西传统聚落的宗教场所散布在聚落周围，因此，在京西传统聚落村民空间集体记忆中出现了通向聚落周围寺庙的道路。京西传统聚落相比黔中传统聚落更容易获得大城市发展的带动，道路等基础设施的建设更完善，旅游业发展的基础更好，因此旅游开发的程度更高，村民空间集体记忆受到旅游开发的冲击更大，导致村民空间集体记忆的空间体系完整度降低。京西传统聚落农业相比黔中衰退得更严重，因此京西传统聚落村民对山和田地的认知程度更低。旅游开发注重开发景点和引导标识，京西村民空间集体记忆中这两类要素较多且认知程度高，而对家、公共服务建筑的关注少。

不同的旅游经营模式对应不同的群体利益，且不同旅游开发方式的合理性和科学性不同。相比政府和企业共同主导的旅游经营模式，村集体主导的旅游经营模式更注重村民的话语权，但开发模式的科学性和可持续性不足，资金也不够充足，只有少数景点得到较好的维护，许多传统聚落的特色空间被破坏，使得村民空间集体记忆中的主要要素占总要素的比例降低。

4.5　本章小结

本章从村民的视角出发，对比研究灵水村、爨底下村、鲍家屯村、高荡村四个传统聚落村民空间集体记忆的特征，研究发现区位特征、旅游发展程度及旅游经营模式共同影响了传统聚落村民的空间集体记忆。具体得出以下结论：

（1）不同的区位特征使得传统聚落的历史文化、聚落形态及地理环境特点存在差异，且区位还影响了传统聚落获得旅游发展的机会，靠近特大城市的传统聚落相比偏远地区的传统聚落旅游开发时间早且程度高。

（2）旅游发展程度越高，村民的生产生活受冲击越大，村民空间集体记忆的空间体系越不完整，且村民的记忆集中在旅游重点开发和维护的少数空间要素上，与村民生活及传统农业生产相关的要素少且认知程度低。

（3）旅游经营模式影响了村民空间集体记忆的主要要素的体系及其占总要素的比例，村集体主导的旅游开发方式相比政府和企业共同主导的旅游经营方式，村民空间集体记忆中主要要素的空间体系更不完整且占总要素比例更低。

四个村落的集体记忆特征揭示了以下问题：村民对核心区域和关键文化节点的记忆较为深刻，但对边界和部分新开发旅游设施的认知不足。此外，随着旅游发展，村民对传统空间的记忆可能受到冲击，导致集体记忆的碎片化。同时，不同村落间集体记忆的完整性和关注点存在差异，反映出旅游经营模式和区位特征对集体记忆的影响。在传统聚落旅游不断发展的情景下，传统聚落的旅游可持续发展要结合传统聚落自身的历史文化、聚落形态及地理环境特点，综合考虑区位特征、旅游发展程度及旅游经营模式的影响。在旅游开发过程中，除了对景点的保护开发和对游人服务设施的建设外，与村民自身生活相关的空间也要及时维护，并把聚落周围的环境整体纳入保护的范围，以提升村民对传统聚落集体记忆认知的完整性。

第 5 章　变迁与传承中的
乡土聚落公共空间意象：
渝东南河湾村

　　公共空间是村落文化价值和村民生产生活习俗的重要载体，但使用权限和边界处于一种不稳定和模糊状态，不是完全开放和包容的公共空间。本章旨在详细描述公共空间的公共性程度、维度及其行为偏好，并探讨公共性的影响机制，深化对传统村落公共空间公共性的理解，揭示空间与村民行为的关系。因此，本章构建了基于空间句法分析与认知调查相结合的传统村落公共空间公共性评价体系。调查发现，传统村落的公共空间的公共性呈现较大差异，高公共性的空间显著集聚，而低公共性的空间离散分布，临河空间的公共性整体高于近山空间。村民对公共空间的评价存在显著差异。14~18 岁和 66 岁及以上人群对公共性评价最高。高公共性空间的使用频率高且提供更多样化的活动，低公共性空间的活动时间和类型相对有限，倾向于快速交流或短暂休息，活动类型单一。传统村落公共空间的公共性存在显著的差异性和复杂性，不仅体现在空间布局和类型上，更在村民的使用方式和行为偏好中。这可能受到空间可达性、社交互动和文化活动丰富度等客观因素的影响。因此，本章不仅有助于更好地理解传统村落公共空间的特点和价值，也为未来乡村规划与设计提供了指导和启示。

5.1　河湾村概况

　　酉水河发源于湖北省恩施州宣恩县境内，在渝湘鄂交界的武陵山地带，蜿蜒 470 多千米，流经湖北来凤、重庆大溪、酉酬、后溪（现酉水河镇）、湖南里耶、保靖、王村等地，在沅陵汇入沅江，流域内均为重要的土家族聚居区。酉阳土家族苗族自治县位于重庆市东南部（图 5-1），以重庆市酉阳土家族苗族自治县的河湾村为研究对象。全村地形以浅丘为主，森林覆盖率达 42%，平均海拔 350 米。2022 年被住房城乡建设部、财政部列为全国传统村落集中连片保护利用示范县。河湾村紧邻酉水河国家湿地公园 AAA 级景区，建筑分为东西寨，呈阶梯状分布，共 150 多户，常住人口 600 余人，是以土家族、苗族为主的少数民族传统村落（图 5-2）。作为较早开发旅游业的传统村落，但仍保留了摆手舞等众多传统民俗活动和传统吊脚楼式建筑，是重庆市知名传统保护村落。其地理位置、旅游发展和文化价值保护程度是渝东南传统村落中的代表，值得对其展开研究。本章选取村民日常使用的十个公共空间作为研究样本，包括码头、休闲广场和标志性建筑及周边空间等（图 5-3）。

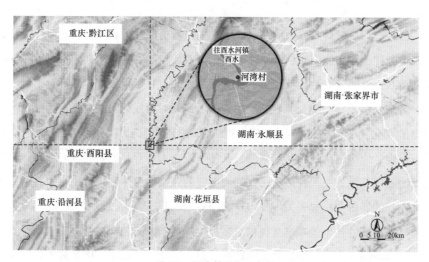

图 5-1   河湾村区位示意图

图 5-2   河湾村鸟瞰图

图 5-3　区域内的公共空间

5.2　数据来源与分析方法

5.2.1　建筑与道路网络

建筑及路网来源于航拍，结合实地测绘获取村落建筑、周边河流、道路分布、空间节点、边界线等要素信息。在 AutoCAD2022 中绘制村落道路路网，将路网简化为最短直线，导出 DXF 格式轴线图，在 Depthmap 软件中分别生成整合度、选择度、深度值轴线图。

5.2.2　调查问卷

问卷包括三部分，第一部分是受访者基本信息，包括性别、年龄、教育程度、职业和收入水平；第二部分是公共空间使用现状，包括公共空间使用时间和活动类型；第三部分是公共性评价，包括对景观设施、服务设施、娱乐环境、舒适感、安全感、建筑特色、民俗文化活动、空间吸引力、空间开放性、空间边界、空间参与度等指标进行评价。使用 5 级李克特量表法（是评分加总式量表最常用的一种），1 表示非常不满意，2 表示较不满意，3 表示一般，4 表示比较满意，5 表示非常满意。调研时间在 2023 年 2 月、5 月、7 月、10 月共进行四次，发放问卷193 份，回收有效问卷 189 份，回收有效率约 98％。将问卷数据采用 SPSS 27.0 软件计算 alpha=0.859，KMO=0.841，显著性程度 $p<0.05$，表示通过可信度和效度检验，问卷适合进行后续公共性的评价。

5.2.3　研究方法

公共性评价体系构建：根据文献综述和专家意见，构建了一个包含可达性、可见性、功能性、标志性和包容性五个维度的公共性评价体系（表 5-1）。

表 5-1　公共空间的公共性评价指标体系

维度	指标	指标描述
可达性	整体可达性	村落整体的道路可达性
	局部可达性	村落局部的道路可达性
可见性	道路选择性	空间道路被选择的潜在可能性
	空间渗透性	到达空间需穿行的程度，即到达空间的便捷性
功能性	景观设施	植物、小品、标识标牌、照明等设施
	服务设施	商超、餐饮、健身、座椅等服务设施的配置情况
	娱乐环境	具备开展户外娱乐活动的条件
	舒适度	感觉空间环境舒适的程度
	安全感	使用者的心理安全感知
标志性	建筑特色	空间周边文化建筑的历史价值
	民俗文化活动	延续生活习俗、传统民俗的情况
	空间吸引力	村落代表文化元素和活动的吸引力程度
包容性	空间开放性	村民和游客能自由进入或使用的程度
	空间边界感	空间围墙或其他边界围合情况
	空间参与度	村民和游客积极参与空间活动的情况

指标权重确定：采用层次分析法（AHP）确定各评价指标的权重，邀请了领域内专家进行独立打分，以确定不同指标的重要性。

空间句法分析：整合度可以被视为可达性的指标，整合度越高，则越容易聚集人流。选择代表道路被穿行的可能性，选择度越高的空间，更有可能被人流穿行。深度值表示某一空间到达其他空间经过的最小连接数。研究结合百度地图和实地测绘数据绘制河湾村道路和建筑平面图，将处理后的平面图导入 Depthmap 软件，转化为轴线后，分析其可达性与可见性。

公共性水平计算：首先对指标数据归一化处理，将通过空间句法分析和问卷调查得到的数据进行归一化处理，使各指标数值范围统一在 0~1 之间，以便进行综合评价。其次，加权求和计算公共性程度，根据专家打分得出的权重，对各公共空间的指标得分进行加权求和，得到每个公共空间的公共性总得分，并据此将公共性划分为 5 个等级。

5.3　河湾村公共空间的公共性

5.3.1　公共性程度与维度特征

根据计算各个指标的加权求和，得到各个公共空间的公共性值（表 5-2）。邻河公共空间的公共性普遍高于近山公共空间。河湾岛、村委会、摆手堂及休闲广场的公共性值在 0.61~0.8，视为"较高公共性"程度。码头广场、湾都楼、博物馆、健身广场的公共性值在 0.41~0.6，视为"一般公共性"程度，和睦树公共性值为 0.24，视为"较低公共性"程度，观景台最低为 0.13，视为"低公共性"程度。

表 5-2　公共空间的总体公共性程度

公共空间	河湾岛	村委会	摆手堂	休闲广场	码头广场	湾都楼	和睦树	博物馆	健身广场	观景台
公共性值	0.71	0.64	0.71	0.68	0.57	0.48	0.24	0.57	0.55	0.13

（1）可达性

从可达性维度看，公共空间的可达性水平一般，但车行可达的空间具有更高的公共性（图 5-4）。首先，整体可达性较好的空间聚集于邻河区域，如河湾岛、村委会、摆手堂、休闲广场等，靠近公路附近车辆可直接通行，而近山空间道路网络更加复杂，多为狭窄的巷道，仅可步行，可达性相对较低。其次，局部可达性（$R=3$）为摆手堂和村委会最高。近山空间如健身广场、博物馆周边局部可达性良好，而到达其他空间的可达性依然较低。所以，邻河公共空间为靠近外部交通最方便的核心使用空间，而越靠近近山区域，则可达性越差。

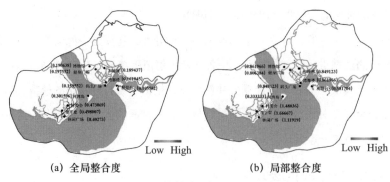

(a) 全局整合度　　　　　　　(b) 局部整合度

图 5-4　河湾村公共空间可达性分析

（2）可见性

从可见性维度看，靠近水域的空间可见性更高（图 5-5）。首先，近山空间的整体选择度比邻河空间更高，其中博物馆、健身广场、村委会的选择度最高，而休闲广场、河湾岛的选择度最低。其次，村落邻河空间的整体深度值更低，所需穿行的空间数量更少，可见性更高。如休闲广场、河湾岛、摆手堂、村委会等成为村民眺望远山、休憩赏景、交流与活动的热点区域。

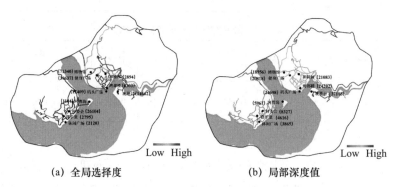

(a) 全局选择度　　　　　　　(b) 局部深度值

图 5-5　河湾村公共空间可见性分析

（3）功能性

从功能性维度看（图 5-6），餐饮、住宿、娱乐活动等功能丰富的河湾岛空间功能性更高。其中，码头广场、博物馆、健身广场景观设施、安全感的平均分高于"4.0"，但在服务设施、娱乐环境方面低于"4.0"。大部分空间的安全感评

价较高，除码头广场和河湾岛以外，其他空间的舒适感评价一般，分值多集中在
"3.0~4.0"。总体上河湾岛的功能性综合平均分最高，在景观设施、服务设施、娱
乐环境、舒适感、安全感得分分别为 4.21、4.37、4、4.21、3.68。说明空间包含
景观小品、餐饮、运动与休闲等景观服务设施，可以开展公共活动与集会，空间
的舒适度较高，但给人的安全感还稍有不足。和睦树的功能性最低，得分为 3.38，
空间缺少可供休息的座椅、照明等服务设施，不足以满足村民日常需求（表 5-3）。

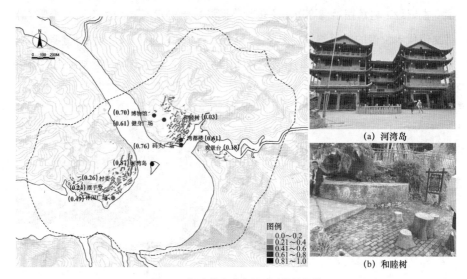

(a) 河湾岛

(b) 和睦树

图 5-6　河湾村公共空间的功能性评价

表 5-3　功能性各指标因子的平均分

公共空间	景观设施	活动设施	娱乐环境	舒适度	安全感
码头广场	4.16	3.79	3.63	4.11	4.16
湾都楼	3.95	3.89	3.63	3.79	4.16
和睦树	3.79	3.05	3.21	3.42	3.42
博物馆	4.05	3.68	3.89	3.84	4.16
健身广场	4.11	3.42	3.58	3.79	4.21
观景台	3.84	3.26	3.26	3.74	3.47
河湾岛	4.21	4.37	4	4.21	3.68
村委会	3.84	3.68	3.26	3.37	3.84
摆手堂	3.95	3.21	3.42	3.26	3.74
休闲广场	3.83	3.56	3.83	3.5	4.17

（4）标志性

从标志性维度看（图 5-7），以传统文化代表建筑和地标性建筑的标志性最突出。博物馆、河湾岛和摆手堂的建筑特色分别达到 4.37、4.21 和 4.37，河湾岛的民俗文化活动和空间吸引力得分分别为 4.32 和 4.11（表 5-4）。博物馆是在旅游之后新建的具有传统村落艺术和历史价值的公共空间，建筑工艺精美。河湾岛空间宽敞，可以承载村落大型民俗文化活动，建筑具有独特性和地域代表性。此外，摆手堂记载了村落摆手舞等历史文化，将河湾村历史元素融入建筑，是河湾村最具文化代表价值的村落建筑。整体上，码头广场、湾都楼、和睦树、健身广场、观景台、村委会、休闲广场的标志性均有待提升，大部分空间缺乏文化民俗和空间吸引力。

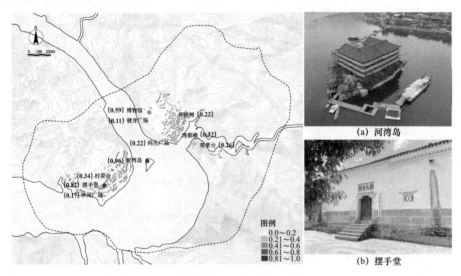

图 5-7　河湾村公共空间的标志性评价

表 5-4　标志性各指标因子的平均分

公共空间	建筑特色	民俗文化活动	空间吸引力
码头广场	3.16	3.53	3.42
湾都楼	3.58	3.47	3.42
和睦树	3.26	3.42	3.42
博物馆	4.37	3.68	3.42

续表

公共空间	建筑特色	民俗文化活动	空间吸引力
健身广场	3.42	3.26	3.11
观景台	3.84	3.11	3.32
河湾岛	4.21	4.32	4.11
村委会	3.53	3.47	3.53
摆手堂	4.37	3.95	3.89
休闲广场	3.61	3.22	3.17

（5）包容性

从包容性维度看（图 5-8），大部分空间都具有包容性，尤其以广场空间的包容性最高。码头广场的空间开放度、空间边界感、空间参与度得分分别为 4.47、4.63、4.11，包容性综合得分最高。其次为健身广场，三个维度分别得分为 4.21、4.47、4.05。这类广场空间一般面积较大且对外开放，边界没有可见障碍物，村民可以自由出入且不受身份、使用目的等条件限制。而建筑空间的包容性比较低，如博物馆、村委会、摆手堂等，空间开放性得分分别为 3.47、3.84、3.89，空间参与度分别为 3.47、3.63、3.53（表 5-5）。总体上，空间边界感评价较高，是因为空间开放性和空间参与度的提升。

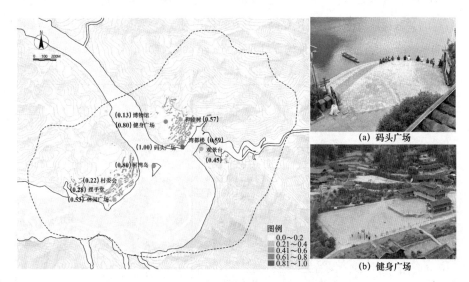

图 5-8　河湾村公共空间的包容性评价

表 5-5　包容性各指标因子的平均分

公共空间	空间开放性	空间边界	空间参与度
码头广场	4.47	4.63	4.11
湾都楼	4.11	4.42	3.74
和睦树	4.42	4.37	3.53
博物馆	3.47	4.21	3.47
健身广场	4.21	4.47	4.05
观景台	4.16	4.42	3.42
河湾岛	4.32	4.63	3.79
村委会	3.84	4	3.63
摆手堂	3.89	4.16	3.53
休闲广场	4.28	4.22	3.72

5.3.2　村民对公共性评价的差异

根据统计与方差结果显示（表 5-6），年龄这一因素的影响最为显著（$P<0.05$）。性别、教育程度、职业和收入水平对公共性评估的影响较小。其中，14~18岁、46~55 岁和 66 岁及以上的村民对公共性评分显著高于其他年龄段的村民（$P<0.05$）。其他方面差异较小但也可以看出，高中/中专/职高和文盲/半文盲的村民的公共性评价比其他村民要高。务农的村民对于公共空间的评价更高。收入4000~5000 元的村民对公共性的评价要高于其他收入人群。

表 5-6　不同个人特征的评价差值

个人属性	分类	平均值 ± 标准差	t	P
性别	男	3.80 ± 0.74	0.225	0.822
	女	3.78 ± 0.62		
年龄	14~18 岁	4.04 ± 0.62	2.32	0.035[*]
	19~25 岁	3.66 ± 0.66		
	26~35 岁	3.73 ± 0.70		
	36~45 岁	3.72 ± 0.63		
	46~55 岁	3.88 ± 0.58		
	56~65 岁	3.54 ± 0.78		
	66 岁及以上	4.06 ± 0.60		

续表

个人属性	分类	平均值 ± 标准差	t	P
教育程度	文盲 / 半文盲	3.85 ± 0.70	0.712	0.64
	小学	3.74 ± 0.75		
	初中	3.72 ± 0.61		
	高中 / 中专 / 职高	3.96 ± 0.66		
	大专	3.68 ± 0.93		
	本科	3.67 ± 0.53		
	硕士及以上	3.65 ± 0.73		
职业	务农	3.83 ± 0.68	0.235	0.918
	个体经营	3.71 ± 0.53		
	打工	3.75 ± 0.72		
	学生	3.77 ± 0.64		
	其他	3.62 ± 0.66		
收入水平	少于 1000 元	3.86 ± 0.63	2.164	0.075
	1000 ~ 2000 元	3.63 ± 0.86		
	2000 ~ 4000 元	3.83 ± 0.67		
	4000 ~ 5000 元	4.03 ± 0.54		
	5000 元及以上	3.56 ± 0.59		

* P 小于 0.05，有显著差异。

5.4　河湾村公共空间的行为承载特征

超过 50% 的村民在公共空间内的使用时长均不超过 30 分钟，超过 60% 的村民活动类型以 1~2 种为主。在高公共性空间中 [图 5-9（a）]，村民在河湾岛和村委会愿意停留 "10~20 分钟" 和 "20~30 分钟" 比例较高。在摆手堂和休闲广场有部分村民停留 1 小时及以上和 2 小时及以上，但大部分还是集中于 "20~30 分钟"。而在中等及以下公共性的空间中 [图 5-9（b）]，如和睦树和博物馆等空间，村民停留的时间倾向于 "10~20 分钟" 或更少。说明大部分村民倾向于快速交流或短暂休息，而有少部分村民会选择停留更长的时间，愿意更加深入参与公共空间的娱乐活动与社交。

有 36.55% 的村民选择 1 种活动类型，表明村民更倾向于单一活动类型，基本以休息或观景为主，参与 2 种活动的村民明显减少，但还保持在较高水平，但随着活动类型的增加，参与活动的人数呈现明显下降趋势。其中，对于河湾岛、摆手堂、休闲广场等，村民主要参与活动类型为"1~2种"[图5-9（c）]。而对于码头广场、和睦树、健身广场、观景台等，活动类型均以1种为主[图5-9（d）]。所以，村民在参与活动时，只有部分活动对他们具有吸引力，或者没有更多的时间与精力参与更多活动。

根据村民在空间中的行为活动（图5-10），河湾岛、湾都楼、休闲广场等空间包括观景、餐饮、健身等活动类型，使用人群较多，村民主要参与棋牌、餐饮、运动等娱乐活动。这类空间的功能性和可达性较高，村民便于进入参与各种活动。码头广场、湾都楼等是村民日常使用频率较高的休息、交谈空间。健身广场是村民锻炼、打球的活动区域。而和睦树和观景台，村民的活动表现出高度的单一性，使用频次较低。总体上，高公共性空间提供舒适的环境和便利可达的交通，满足活动多样性和开放式参与等特征，对外吸引力更高；低公共性空间满足基本生产、生活功能，但对外开放程度较低。

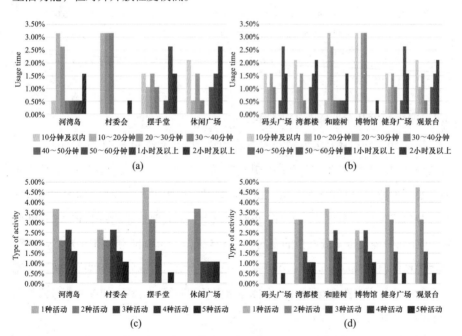

图 5-9　公共空间使用时长与活动类型占比

河湾岛　　　村委会　　　摆手堂　　　休闲广场

码头广场　　　湾都楼　　　和睦树　　　博物馆

健身广场　　　观景台

图 5-10　公共空间中的村民行为活动场所

5.5　河湾村空间公共性的关键因素

公共空间的公共性差异较大，且多为半公共性程度，这与 Yaylali-Yildiz 探讨的大学校园的公共性呈现较大差异基本一致。学生最常使用的两个公共空间具有较高的可达性以及中等可见性。这一结果可能源于多种因素的综合影响，如空间可达性、社交互动的缺乏以及文化和社会活动单一等。

首先，可达性是访问公共空间的重要因素。交通可达性越好，使用率越高，反之，如果道路不连通，居民参与的可能性也会降低。一方面，传统村落位置偏僻，一般坐落于丘陵和山区，且空间分布密度相对较高，空间分布模式趋于随机。这一定程度上导致了乡村可达性受到了极大的限制。另一方面，空间可达性高的地区对公众参与和地方认同感有促进作用。所以，县级公路在农村聚落空间分布中发挥着重要作用，在县域村落空间格局优化中，应构建完整的交通网络体系，加强乡镇之间的空间联系。

其次，社交互动的缺乏也导致了公共性的不足。社交互动减少时，人们之间的交流和联系减弱，共同的文化和价值观难以形成，容易导致公共性的减弱。有研究表明，受访者在公共环境中与"他人"互动的可能性明显高于私人环境和专业环境。说明，更加公共的空间互动性更强。乡村社会结构是较为稳定的邻里关系和熟人社会，村民之间已经形成了强烈的情感依赖和频繁互动关系。城市居民更习惯于与朋友和家人交流，而不是与邻居交流。其中，体育锻炼是增加社会互动的有效方法。日常休憩空间和公共设施为居民提供了互动、公众参与和场所营造的平台。

最后，文化和社会活动单一会对公共性产生负面影响。一方面，公共空间是供公众共享和交流的场所，它应该能够容纳和展示多元化的文化和社会活动。大多数村民一般会参与农作、聊天、散步等日常行为活动，而当其无法满足村民的日常活动需求时，村民会降低使用频率。这反映了村民在公共空间使用中的行为模式和社会交往结构的局限性。另一方面，功能活动的单一会影响到空间包容性和开放性，造成空间群体被边缘化，导致空间包容性降低。通过增加空间植被、水体等景观可以增加环境舒适度，设施多样、较大的开敞空间也会提升吸引力。总体上，从交通设施、功能布局、规划与管理等方面可以更全面地提升对公共空间公共性的感知。

5.6   河湾村不同人群的公共性感知

研究发现 14~18 岁和 66 岁及以上人群对公共性评价最高，与有关研究基本一致。年龄和性别会影响人的可达距离和人际舒适距离。

一方面，导致老年人感知更高原因之一是乡愁情感更加强烈。一般在农村定居的老人对乡村情感更浓，他们在流向城镇、城市和大城市后又回到农村。随着年龄的增长，老年人的心理需求变得更加突出，对公共空间的使用频率和依恋程度变高。一个有传统符号或容易引起既往生活记忆的空间会使他们感到愉悦和满足，从而提升其感知能力。行人基础设施、安全、便利设施、美学和环境条件等会影响老年人的行为活动，进而影响他们对公共性的感知。老年人偏好通过步行访问附近的公共空间以达到锻炼身体的目的，但是，老年人的体育活动参与率仍然很低，特别是那些生活在不太富裕地区的老年人。

另一方面，导致青少年感知更高的原因之一是青少年人群对户外公共活动的参与积极性更高，更愿意与同龄人建立身份认同感。农村大多数是留守儿童，相较于同龄城镇儿童，农村公共文化娱乐设施普遍缺失，他们的情感需求、体育锻炼、个人兴趣发展等没有得到满足。具备娱乐活动功能的空间对他们具备极高的吸引力，而且体育活动对儿童、青少年的身体和心理健康有益，更易于通过这种方式与同龄人建立身份认同感。更频繁的身体活动和参与体育运动也可以提升他们的幸福感并降低焦虑和抑郁症状水平。

其他研究也提到物理特征、社会因素、个人特征等因素影响了不同年龄的人群对活动公园的选择。还会受到时间、天气、态度、心理等个人特征因素的影响。在户外更频繁的交往与紧密的社会关系使得青少年和老人更容易形成更强的公共性认知。这些发现对于提升传统村落公共空间的公共性和村民使用体验具有重要意义。

5.7　乡村空间公共性的特质

传统乡村和城市在公共空间的权属、开放程度和功能等均存在差异。传统乡村公共空间往往界限模糊，而城市公共空间的公共权属与私人权属划分清晰。根据用地权属及其作用，农村公共空间在演化过程中形成了像村落自建住宅及其附属环境中承载的村落公共活动的公共区域，这类空间是"隐性"的公共空间。乡村庭院一方面关联着社会活动，即庭院景观是农户社区交往活动的内容之一，如邻里间就庭院布局、铺装形式、盆栽品种、园艺技巧等展开的交流；另一方面在于借助这些庭院景观的交往活动，提高村民对公共事务和公共利益的关注，促进共识的达成，从而培育社区认同和共同体意识。而城市图书馆、公园、体育设施、学校和社区中心等社会基础设施，是人们在城市生活时利用的重要功能——为城市居住创造便利。此外，它们是人们社交和与他人建立联系的空间。除了私人经营的场所，大部分空间是为公众开放的。

乡村公共空间中的活动人群及行为特征是相对单一，村民通常习惯于在屋外庭院、菜园、码头、山林等日常生活和农业劳作空间中活动。乡村公共空间最重要的机制是其能够促进村民之间的社会交往和互动，增强乡村社会的凝聚力和活力，为村民提供聚集、交流、互动的场所，通过公共空间的使用，村民可以建立社交网络、增进彼此了解、形成共同认知和价值观。乡村公共空间不仅仅是一个物质空间，更是一个社会空间。因此，乡村公共空间的最重要的机制不是其物质形态或功能设施，而是它所承载的社会交往和互动过程。这个过程是动态的、持续的，需要不断地维护和促进。

目前乡村旅游业的发展也对公共空间产生了一定的影响，正在经历空间拆解、空间整合与重构等。一方面，随着产业结构从传统农业向商业旅游服务的转变，形成了复杂的生产、生活空间，生态空间面积不断扩大，又出现了生产、生态复合空间。使用功能以简单地劳作、邻里社交、文化活动、集会等为主，为社区组织、促进集体性、讨论和分享思想、实现行动提供了空间。另一方面，现有旅游村的主要人口结构由村民和游客转变为村民、游客和商人三大用户群体。农村地区居民长期受到不同游客、季节性和劳动力移民群体的流动性的影响，接受旅游经济，推动当地经济发展，同时也有其他负面影响，特别是公共场所过度拥挤，私人空间与公共使用之间的矛盾，空间被过度使用所造成的环境破坏、建筑设施损坏等问题，也会让村民感觉个人权益被侵犯。

5.8　本章小结

本文以河湾村为例，基于空间分析和认知调查等方法，构建了一个传统村落公共空间的公共性评价体系，量化公共空间的公共性指标值。结果表明：传统村落的公共空间大部分为半公共性，呈现较大差异性，高公共性的空间显著集聚，而低公共性的空间离散分布，邻河空间的公共性整体高于近山公共空间。在可达性方面，车行可达的空间具有更高的公共性。可见性方面，靠近水域的空间可见性更高。功能性方面，具有餐饮、住宿、娱乐活动等功能的空间更具吸引力。标志性方面，以传统文化代表建筑和地标性建筑的标志性最突出。包容性方面，以广场空间的包容性最高。年龄对公共空间公共性的评价有显著影响，其中，14~18岁和66岁及以上人群对公共性评价最高，而性别、教育程度、职业和收入水平对公共性评估的影响较小。超过50%的村民在公共空间内的使用时长均不超过30分钟，超过60%的村民活动类型以1~2种为主。高公共性空间的使用频率高和提供更多样化的活动，低公共性空间的活动时间和类型相对有限。功能性和可达性较高的空间（如河湾岛、休闲广场等）更受村民欢迎，而功能较为单一的空间（如和睦树、观景台）使用频次较低。传统村落的公共空间在公共性方面存在显著的差异性和复杂性，受空间可达性的限制、社交互动的缺乏，以及文化和社会活动的单一等客观因素影响。未来乡村公共空间的公共性提升不仅要改善物质功能环境，还要关注主要使用人群的户外活动需求，注重公共空间管理，平衡旅游发展中的村民与游客的使用矛盾与权益。

河湾村公共空间的可达性、可见性和功能性存在差异，邻河区域的公共空间公共性较高，而近山区域可达性较低。功能性方面，河湾岛等空间因包含多样服务设施而得分较高，但整体安全感仍有提升空间。标志性建筑和地标性建筑的文化价值得到认可，但其他空间的文化吸引力不足。包容性方面，广场空间的开放度和参与度较高，而建筑空间则相对较低。要提升近山区域的公共空间可达性，则需通过改善交通连接和增加步行设施来实现。增强公共空间的功能性，特别是在服务设施和娱乐环境方面，以提高安全感和舒适度。加强文化和历史元素的融入，提升公共空间的标志性和吸引力。优化广场空间的开放性和参与度，同时提高建筑空间的包容性，确保所有村民都能自由参与和享受公共空间。通过这些政策建议的实施，可以提升乡土聚落公共空间的公共性，使其成为促进社区交流、文化传承和居民福祉的重要场所。

本章的价值在于：一方面，从乡村发展角度看，城市和乡村的公共性认知差异可能存在，也发现乡村中人与空间的使用关系，通过研究，真正认识到了乡村公共空间的发展离不开当地的自然环境和传统文化，这是不同于城市空间规划的实践方式。另一方面，乡村公共空间的公共性研究拓展了对公共性认知的新视角，为探索乡村公共性评估提供理论借鉴，为未来乡村公共空间保护与更新提供实践经验。

但本章仍存在一些局限性，一方面是由于少有针对传统村落公共空间的公共性展开研究，评价因子及权重可能会随村落情况不同而改变，公共性的研究方法也可以采用大数据等更多方式。另一方面，仅选取河湾村为研究对象，典型性不充分，不能全面反映所有村落公共空间的公共性程度，今后可适当扩大研究范围，丰富指标权重因子，保证研究的全面性。

第6章 参与式旅游影响下的
空间集体记忆：云南哈尼聚落

　　"社区参与式"乡村旅游是以村民为实施主体、充分协调村民和游客多元需求的乡村振兴模式，其对村落中人群"集体记忆"的延续会产生不同影响，但具体差异及机制尚有待深入研讨。本章选择"社区参与式"乡村旅游典型案例——云南元阳阿者科村和毗邻的大鱼塘村两个哈尼族传统聚落为研究对象，主要通过不同人群认知意象地图绘制、意象要素识别、半结构式访谈与空间要素频数统计分析等方法，对比分析两个村落中村民和游客的集体记忆的差异，进而深入探讨社区参与下的乡村旅游对集体记忆的影响机制。研究发现：总体上，由于旅游的发展促进集体记忆中公共场所丰富度及重要性提升、分配机制推动了特色主题性对象空间集体记忆的强化及带动生活支撑性空间集体记忆的重视提升，良好地实现了梯田、蘑菇房等一般的生产、生活性空间要素的意象延续，但在哈尼传统村落中寨神林、磨秋场等重要仪式空间要素在意象延续上的作用尚不够显著，需依托其他方式进一步实现可持续保护。

6.1 阿者科村和大鱼塘村概况

　　云南红河州元阳阿者科、大鱼塘两村都位于哈尼梯田世界文化遗产核心区，依山傍水，均为满足森林、梯田、村寨和水系"四素同构"核心理念的典型传统聚落（图6-1）。两村也有着相近的血缘关系和相同的文化习俗，但由于发展历史的差别，阿者科村是最早采用"社区参与式"旅游模式的典型代表，而大鱼塘村主要用于村民居住，虽然平时也有部分游客造访大鱼塘村，但村中旅游发展很不充分。

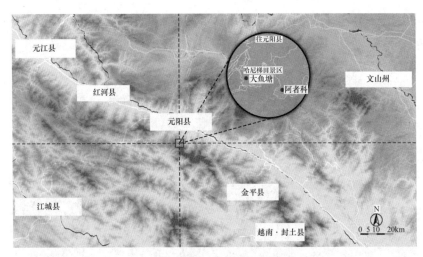

图 6-1　阿者科村、大鱼塘村区位示意图

　　阿者科村是红河哈尼梯田成功申报"世界文化景观遗产"的 5 个重点村寨之一，也是第三批国家级传统村落（图 6-2）。在"脱贫攻坚"的背景下，由中山大学团队完成的元阳哈尼梯田旅游发展战略规划，为其量身打造的"社区参与式"旅游发展方案——阿者科计划。该村旅游发展使用政府经费作为启动资金，由中山大学学术团队提供智力支持，成立村集体企业，通过地方政府的政策支持来带动村民参与发展乡村旅游，以实现减贫与发展。阿者科村的村民参与旅游业发展的方式主要有三种：一是以旅游吸引物入股，全村村民通过传统民居保护、梯田耕种的方式将景观转化为资本入股，按照比例获得分红；二是参与就业服务，部分村民通过集体选拔、驻村团队技能培训等方式成为村集体旅游公司的员工，负责村内卫生清洁、票务售卖、游客讲解与团队接待等工作；三是自主经营，驻村团队根据"阿者科计划"实施细则及村民自身发展状况，孵育部分村民进行自主创业，在村内开展接待、民族服饰租售、小卖部经营、土特产售卖等活动，这种"社区参与"重构了阿者科乡村旅游，也产生了巨大的社会影响（表 6-1）。

　　大鱼塘村紧邻阿者科村，属同一行政村管辖下的自然村，与阿者科村历史脉络一脉相承，互为血亲关系，且阿者科村民多从大鱼塘村搬迁过去，在一定程度上大鱼塘村可以被认定是阿者科村的"过去"。大鱼塘村保持了传统的村民居住、梯田生产方式，从未进行专门的旅游开发，相较阿者科村而言较少受到外来影响（图6-3）。

图 6-2　阿者科村鸟瞰图

图 6-3　大鱼塘村鸟瞰图

表 6-1　2022 年阿者科村与大鱼塘村旅游发展信息

村落	村域面积（km²）	户数	人口数	年接待人（人次）	年旅游收入（万元）	当地旅游服务设施
阿者科村	1.43	65	479	约 36000	51	3 个小卖部、3 家住宿、5 家餐馆
大鱼塘村	5.55	219	1051	约 7200	无	无

数据来源：根据访谈内容与实地调研整理。

6.2　数据收集与分析

6.2.1　实地调研

本章结合认知地图绘制与半结构访谈的方式获取村民的空间集体记忆，再将空间集体记忆要素频率统计数据与认知地图数据进行分析处理，探究其特征及形成原因。为保证获得更多有效样本，本次调研于旅游旺季且受疫情影响相对较小的 2022 年 2 月中旬至下旬展开。排除无效认知地图 6 张与无效访谈 12 人后共采访 301 人，阿者科村 181 人，其中村民 60 人，游客 121 人，村民认知地图 30 张，游客认知地图 42 张；大鱼塘村 120 人，其中村民 66 人，游客 54 人，村民认知地图 36 张，游客认知地图 30 张。

6.2.2　认知地图绘制

认知地图绘制是人类主体和空间认知建立关系的方法。被调查者在草图上对村落中的意象进行描绘和标注，总结分析村民与游客认知中的村落意象要素在草图上出现的位置、频率等，最终获取其对村落的整体空间意象。我们对绘图能力有限的村民采取限定描画法，即邀请他们在拍摄出来的鸟瞰图上进行勾画；对于知识水平较高且绘图能力较强的人则采用自由描画法。

6.2.3　开展半结构式访谈

研究团队经过小组会议拟定访谈提纲后，选取村落的村民、游客和管理规划者作为访谈人群。对于村落的村民与游客，访谈聚焦于他们在村落中印象深刻的地点、自身的特殊经历和对村落的感受；对于村落的管理规划人员，访谈问题则侧重于咨询村落概况，如询问村委会主任关于村落的面积、人口和历史渊源等（表 6-2）。

表 6-2　口述访谈问题列举（以阿者科村为例）

编号	问题
1	您小时候在阿者科经常去哪些地方，又经常去哪里玩？
2	您小时候有特别难忘的经历或者东西吗？
3	您对村里印象最深刻的地方是哪里（不限于 1 个），为什么？
4	您一天的生活大概是什么样的呢？
5	您觉得最有意思的一条路是哪条呢？能跟我们描绘一下您走在这条路上的场景吗（您能看到、听到的东西，及内心的感受）？包括您在路上看到的印象深刻的标记、路标或者有标志性的节点。
6	您对本地的历史了解多少，能给我们讲讲有关村子的历史吗？
7	村里有很多节日，比如苦扎扎节。您印象最深的节日是哪个呢，为什么？

6.2.4　词频提取与集体记忆意象地图绘制

词频提取是将半结构式访谈内容中提到的空间意象提取出来，计算村民和游客提到的空间要素出现的频数与频率［频率 =（频数 / 词频总数）×100%］，汇总之后制成村民与游客的意象统计表。依据村寨空间特点，我们将村民及游客的空间意象按照生产空间、生态空间、生活空间、仪式空间四种类型进行分类统计（表 6-3），分别得出村民与游客不同空间类型的频数与频率。依据频率呈现的特点，高于 5% 具有代表性，因此，将空间要素频率超过 5% 的作为"主要要素"，频率少于 5% 的作为"次要要素"，再将对应的空间要素统一绘制到一张卫星图上，制成两个村落的村民与游客的意象地图（图 6-4）。

表 6-3　四种空间类型在阿者科村、大鱼塘村、一般乡村的例证

空间类型	阿者科例证	大鱼塘例证	一般乡村
生产空间	梯田	梯田	稻田
生态空间	山林	草坪、山林	山林
生活空间	蘑菇房、观景台	村委会、篮球场	广场、道路
仪式空间	磨秋场、寨神林	磨秋场、寨神林	祠堂

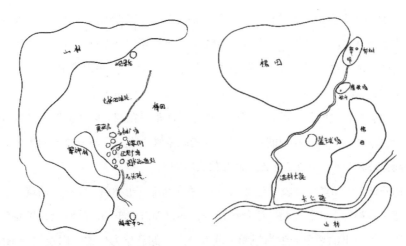

图 6-4　阿者科村及大鱼塘村手绘认知地图

6.3　旅游对哈尼聚落空间意象的影响

6.3.1　空间集体记忆意象

阿者科村意象共有 19 项，关注率集中于梯田、蘑菇房、梯田峡谷观景台及长宴街，而对迎客广场、山神水、检票口、磨秋场印象较少。总体空间集体记忆对生活空间关注度最高，高达 66.15%，其次为生产空间，关注度达到 23.08%，对生态和仪式空间的认知度最低，仅为 5% 左右（图 6-5）。村民的空间意象共有

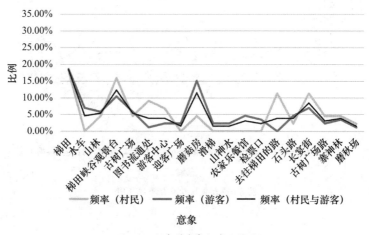

图 6-5　阿者科意象频率统计图

13 项，其中大多数都聚焦于梯田、梯田峡谷观景台、去往梯田的路、图书流通处及长宴街。从村民的意象统计中可见 70% 的意象在于生活空间，远超位列第二的生产空间，他们对生态空间及祭祀空间关注极少。游客的空间意象共有 18 项，其中大多数都聚焦于梯田、梯田峡谷观景台、蘑菇房、古树广场、水车、山林及长宴街。阿者科村民的生活场景为吸引游客远道而来存在的，因而他们大多数人都关注于当地生活空间，壮观的梯田是重要的旅游吸引物，近四分之一的游客对生产空间也较为关注，其次为生态空间及仪式空间。

据统计，大鱼塘村共收集意象 17 项，关注率集中于梯田、山林、篮球场、进村大路、寨神林上方长公路、磨秋场及寨神林，而对停车场、涂鸦墙、村委会印象较少。近一半的意象为生活空间，近五分之一的意象为仪式空间及生产空间，对生态空间的认知度最低，仅为 5% 左右（图 6-6）。村民的空间意象共有 15 项，其中大多数都聚焦于梯田、山林、磨秋场、去爱村小学的路、家门口的路等。二分之一的大鱼塘村民的意象存在于生活空间，第二受到关注的空间为祭祀空间，生产空间及生态空间关注度为 10% 左右。游客空间意象共有 13 项，梯田、篮球场、磨秋场、寨神林、寨神林上方的长公路是重要意象，没有人提到附近山林是印象深刻的地点。游客空间集体记忆中显示生活空间是主要关注空间，其次为生产空间与仪式空间，生态空间不受关注。

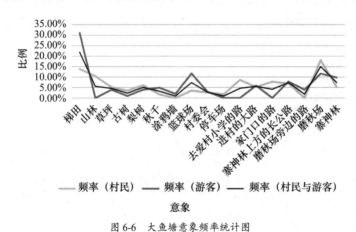

图 6-6　大鱼塘意象频率统计图

6.3.2 集体记忆特征相似性

（1）在空间类型中，对生活空间关注最多

阿者科村对生活空间认知率高达 66.15%，而大鱼塘村高达 50.23%，可见阿者科村与大鱼塘村皆对生活空间关注最多。阿者科村生活空间中梯田峡谷观景台、古树广场、蘑菇房和长宴街的意象集中度较高，而大鱼塘村总体则更关注篮球场、寨神林上方的长公路、进村大路等。于村民而言，生活空间是他们每天都居住的地方；而对于游客生活空间则是一种重要的旅游吸引物，因此他们都对其关注最多。

（2）在空间类型中，对生态空间关注最少

阿者科村与大鱼塘村总体对生态空间关注最少，仅有 5% 左右。生态空间是以生态功能为主导的空间，提供了生态产品和服务，承担了生态系统和生态过程的形成和维持，相对于生活空间，其观赏价值较低，因此关注的人也会较少。

（3）在意象偏好上都对梯田重点关注

两村统计的意象中，村民和游客对梯田的关注率最高，阿者科村总体对梯田的关注率高达 18.46%，大鱼塘村高达 21.92%，由此可见两村都关注生产空间——梯田。哈尼族作为山地农耕文明民族，梯田农业是他们千百年来最主要的生产方式。元阳如今分布着的大片梯田作为红米的生产地，不仅可以为村民提供粮食，同时作为旅游吸引物也对游客具有极高的观赏价值，成为村民与游客印象深刻的意象。

（4）意象布局结构相似

阿者科村及大鱼塘村的总体意向布局皆包含完整的山、水、林、田、村相关意象，村寨都在中部，寨神林位于村寨上方，梯田位于其下方，溪水将三者连接起来。这些意象要素在空间分布上与哈尼族"山、水、林、村、田"的聚落空间结构相似，满足森林、梯田、水系、村寨四元素同构的特点（图 6-7、图 6-8）。

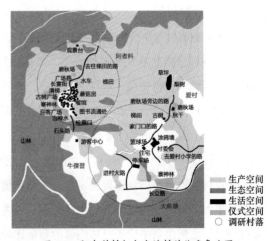

图 6-7 阿者科村与大鱼塘村总体意象地图

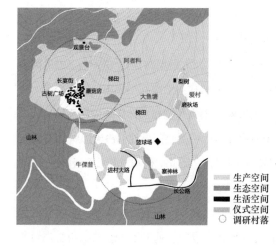

图 6-8　阿者科村与大鱼塘村总体主要
要素意象地图

6.3.3　集体记忆特征差异性

（1）阿者科村对仪式空间关注最少

阿者科村对仪式空间关注最少。寨神林是位于村子上方的一片林地，仪式功能大于生态功能，其上方是森林；磨秋场是村子中一块可以用于祭祀的空地，其下方为哈尼族人民赖以生存的梯田。在磨秋场与寨神林的祭祀活动将村民与村寨紧紧联系起来，两者都是极其重要的精神场所。阿者科村总体意象中对仪式空间关注率仅 6.82%，极少有人提到磨秋场与寨神林，而在大鱼塘村寨神林与磨秋场皆为主要意象要素，仪式空间认知率达到 23.28%，可见阿者科村仪式空间的关注远远少于大鱼塘村。

（2）大鱼塘村总体意象性质更加自然

大鱼塘村总体意象性质更加自然。大鱼塘村的总体意象偏向村民日常生活，如秋千、篮球场、村委会、进村的大路等，而阿者科的意象更加受到"旅游"的影响，村民和游客都会关注一些和旅游相关的要素，比如梯田峡谷观景台、游客中心、农家乐餐馆、迎客广场等。

（3）阿者科村意向布局结构更加密集，大鱼塘更加松散

阿者科村意向布局结构更加密集，大鱼塘更加松散。由意象地图可知阿者科村的意象大多集中于村寨内部的生活空间，较为密集地分布在居民聚集区内；而大鱼塘村的主要意象中位于村寨内部的要素比较少，而是分散地分布在村寨内部

与周围环境中。

6.4　哈尼聚落的村民与游客集体记忆认知差异

6.4.1　村民对集体记忆的感知与态度

（1）阿者科村儿童更关注图书流通处等公共文化设施

阿者科村儿童关注的意象集中于梯田、梯田峡谷观景台、长宴街与图书流通处。在这些意象中，近70%的儿童都提到图书流通处，这里是她们最喜欢去的地方。图书流通处既有很多书可供阅读，帮助他们了解世界、吸取知识，也提供了一个游戏娱乐的场所，因此吸引了当地儿童的关注。

（2）阿者科村村民村寨边界意识弱

阿者科村村民村寨边界意识弱，村寨门在哈尼族文化传统中具有重要划分意义。在过去，村民尤其妇女与小孩到了晚上不会走出寨门去到村寨以外的地方。但在我们进行半结构式访谈时，80%的受访村民并未提到寨门的边界意义，也无法分清阿者科村与周边村寨的具体边界。

（3）大鱼塘村民意象结构更加完整

大鱼塘村村民的主要景观意向中既有村寨附近的山林，也包括村内的道路、祭祀场所。阿者科村民的主要景观意向为村内的道路、公共空间、民居建筑以及村寨下方的梯田、观景台，对于附近山林的意向很少，景观意向结构并不完整（图6-9、图6-10）。

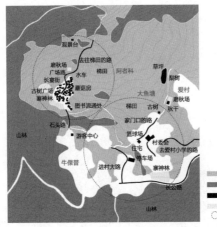

图 6-9　阿者科村与大鱼塘村村民意象地图

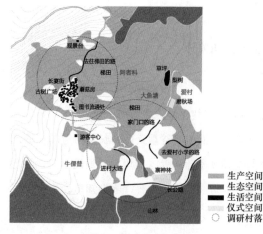

图6-10　阿者科村与大鱼塘村村民主要要素意象地图

6.4.2　游客对集体记忆的体验与认知

（1）阿者科村游客意象要素丰富程度远大于大鱼塘村

大鱼塘村游客关注的意象包括梯田、草坪、梨树、秋千、篮球场、进村大路等13项，而阿者科村游客关注的意象更多，包括蘑菇房、古树广场、水车、迎客广场、山神水、农家乐餐馆等18项。由此可见，阿者科村的游客意象要素组成更加丰富。

（2）阿者科村游客意象结构更加完整

阿者科村游客群体的意象包括梯田、山林、山神水、古树广场、蘑菇房、长宴街等村寨中的地点，体现了哈尼族"山、水、林、田、村"的完整结构。而大鱼塘村的游客对村寨周围的山林及村中的溪水并无深刻印象，相较而言，阿者科村的游客对村寨的意象结构更加完整（图6-11、图6-12）。

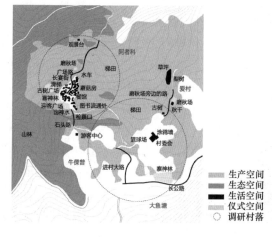

图6-11　阿者科村与大鱼塘村游客意象地图

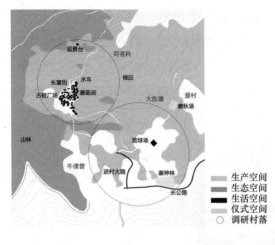

图 6-12　阿者科村与大鱼塘村游客主要要素意象地图

6.5　哈尼聚落集体记忆景观感知差异的影响机制

6.5.1　旅游持续发展促进集体记忆中公共场所丰富度及重要性提升

发展"社区参与式"旅游之后，阿者科村吸引众多游客到此参观。大量游客的涌入导致村中的公共空间不仅需要满足本地村民的需求，也需要满足游客的旅游需求。因此，阿者科村进一步完善基础设施建设，将村中的一些自然景观、文化景观与设计、开发更好地结合起来，修建了游客中心、观景台等旅游服务设施。这不仅在一定程度上更好将景观保护起来、增加了村落的景观节点，也丰富了村民的空间意象，使村民与游客的集体记忆中有了观景台、古树广场、游客中心等与旅游发展相关的节点（图 6-13），而未进行旅游开发的大鱼塘村的意象组成则

图 6-13　阿者科村迎客广场上游客在观赏蘑菇房

更为"原生态"。在"社区参与式"旅游模式的影响下，游客与村落空间、村民的互动程度更深，印象也会更深刻。如大部分游客对生活空间中的长宴街印象深刻，不仅因为在这条路上会举办长街宴，更是因为有很多当地的老人、小孩在此游憩，社区活力程度较高（图6-14）。游客们在这条街上可以看到村民真实的生活场景，也可以与当地人交谈，因而这条街令人印象深刻。

图6-14　阿者科村长宴街上当地小孩在游戏

6.5.2　分配机制推动了特色主题性对象空间集体记忆的强化

阿者科村的旅游发展经营利润按照30%和70%的比例进行分配，村集体公司留存30%的利润，用于后续开发建设，其余70%分给村民。其中70%按照传统民居、梯田、居住、户籍四要素4∶3∶2∶1的比例进行进一步分红。这意味着村民只要将自己的传统民居蘑菇房、梯田保存完善即可分到更多红利。在分红细则的激励下，村民们会更加关注于自家的蘑菇房与梯田，因而其集体记忆中也会对蘑菇房、梯田的印象更为深刻（图6-15、图6-16）。阿者科村村民提到梯田的频率与大鱼塘村相比更多，甚至大鱼塘村已经没有村民提到村中原有的蘑菇房。阿者科村村民对仪式空间的印象很弱，因为其分红细则里并没有加入磨秋场与寨神林。

"社区参与式"乡村旅游的发展改变了当地人口的就业结构，增加了旅游就业岗位，使得更多人参与到村落的旅游经营中，也使得发展旅游的意识深入村民内心。阿者科村村民对于观景台、游客中心这类与旅游发展相关的要素印象甚至比

图 6-15　阿者科村分红占比第二大的哈尼梯田

图 6-16　阿者科村分红占比最大的蘑菇房

游客更加深刻。而未发展旅游的大鱼塘村村民主要还是以外出打工为主，留下少部分老人在家务农，因此缺少与旅游发展相关的空间记忆要素。

6.5.3　"社区参与式"旅游带动了生活支撑性空间集体记忆的重视提升

　　"社区参与式"旅游的发展增加了政府对阿者科村的重视程度，在政府资金注入的影响下当地人居环境得到了整治与改善。"社区参与式"旅游增强了村民的卫生意识，引导村民积极做好门前清洁工作，也安排了专人打扫村落。此外政府还组织进行公厕改建、水渠疏通、房屋室内宜居化改造等工作，使得村内相比之前更加宜居，乡村旅游环境得到了大幅度提升（图 6-17）。因此在集体记忆中也可以看到阿者科村村民对生活空间的关注程度远大于大鱼塘村民，比如蘑菇房、长宴街、图书流通处等场地都是村民会比较关注的地方，这在一定程度上体现了阿者科村村民对自己所居住的环境的认可。而大鱼塘村村民相比于阿者科村则更为关注生态、仪式空间，可见他们对自己所居住的地方的认可程度不如阿者科村。

图 6-17　政府投资后阿者科村的人居环境

社区参与是传统村落保护和传承的重要途径。村民是传统村落的主要保护者和传承者，他们对于传统村落的历史、文化和习俗有着深刻的了解和认识。因此，通过社区参与式的乡村旅游，可以使村民更加了解和关注传统村落的文化价值，同时也促进村民的经济收入增加。此外，社区参与还可以促进传统村落的集体记忆的延续和发展，使传统文化得到更好的保护和传承。但早期中国乡村旅游多以"外来介入大规模开发"的方式，往往造成生态环境和传统风貌破坏、公共空间挤占、乡村生活成本提升，但村民受益寥寥、文化冲突等难以持续的困境。在此背景下，传统村落的空间结构和社会关系也发生了变化，其乡村集体记忆也随之发生变化。

6.5.4　"社区参与式"旅游的多影响叠加

总体来看，由于阿者科村发展"社区参与式"乡村旅游，其"4：3：2：1"利益分配机制对两村空间集体记忆在意象重视程度、意象性质差别造成不同程度的影响：对于磨秋场、寨神林无利益分配占比的意象印象较弱，对梯田、蘑菇房这种利益分配占比高的意象认知度高，阿者科村与旅游活动参与度更深，因此其意象与旅游及相关服务设施的相关度更高，数量也更多，如观景台、图书流通处、农家乐餐馆、检票口等。在"社区参与式"乡村旅游影响下，游客空间参与度需求加深，对其意象丰富程度、意象分布结构完整度造成不同程度的影响：阿者科村与旅游相关的场地数量更多、意象分布结构包含完整山、水、林、田、村格局，大鱼塘村空间意象仅为普通生活场景，意象分布结构中缺少山林。在政府资金投入的加持下，这种影响将持续发展，更为深刻（图 6-18、图 6-19）。

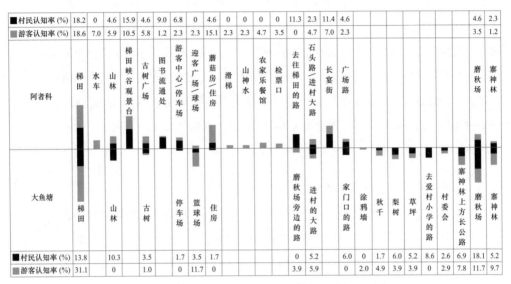

图 6-18　阿者科村与大鱼塘村总体频率对比图

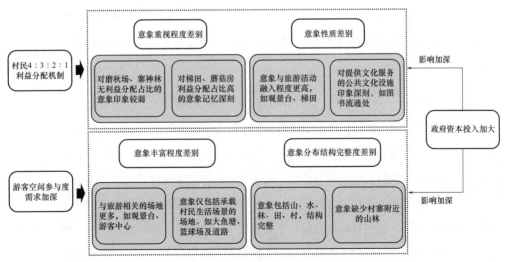

图 6-19　传统村落集体记忆偏差影响机制

6.6 "社区参与式"旅游对哈尼聚落的持续影响

6.6.1 激发了传统人居环境公共空间要素的保护动力

在"社区参与式"旅游的带动下，阿者科村村民的空间集体记忆高度集中于观景台、梯田等可作为主要旅游吸引物、富有当地特色的公共空间要素中，与游客的认知相似度高，充分体现了村民的经济收益、生活方式与文化旅游活动有机融合，传统环境的保护与村民自我发展的矛盾不再尖锐，村民与游客价值观更为趋近，并共同开启了文化景观遗产"以自觉性保护"的历程。尤其对于当地儿童而言，随着图书流通处等与外界文化交流窗口成为其最重要的集体记忆要素之一，未来村民的"以保护促发展"的理念无疑将得以进一步强化，十分有利于"社区参与式"旅游的深入开展和传统人居环境的可持续维护。

6.6.2 改善村民生活居住空间水平方面仍存明显缺陷

与大多数公共环境要素不同，对于哈尼传统村寨中的极具特色的住宅形式蘑菇房等，游客大都印象深刻，而村民对蘑菇房的印象远远不如游客深刻。这是因为由于"社区参与式"旅游要求充分保留村民原有的生活状态，使游客可以充分感受其极具特色的住宅外观特征，但对使用者而言，村民则必须继续忍受其室内昏暗、面积狭小、设施不足等问题，依恋感日益下降，这一状况无法通过目前的旅游收入等获得充分弥补。这也体现了"社区参与式"旅游的相关带动效应尚不全面，在非公共性要素提升上仍缺少"最后一公里"的支撑环节，其他营造技术手段的介入仍不可或缺。

6.6.3 非物质文化保护传承等方面的作用有待进一步完善

与大鱼塘村相比，阿者科村村民的空间集体记忆在仪式空间方面的差异较大，对于观景台、图书流通处、长街宴等融入旅游活动中的要素印象依然深刻，而磨秋场、寨神林等传统祭祀性空间和寨门、石头路、山神水等与传统生活方式相关的要素印象则显著减少。这充分反映了"社区参与式"旅游使村民保持了相当程度的本土精神生活，但内容实质已发生了显著转变。磨秋场、寨神林等作为非物质文化的承载体，对当地传统人居营造理念的表达，价值巨大，应当在集体记忆体系中更为强化。因此在未来"社区参与式"旅游发展中，应注重对当地传统非物质文化的更深度发掘，使其得以更充分和全面地保护和传承。

6.7　本章小结

本文立足于聚焦"社区参与式"旅游的典型案例——云南元阳阿者科村和其毗邻的大鱼塘村两个传统聚落，通过对村民和游客"空间集体记忆"特征的差异对比，证实了"社区参与式"旅游对传统村落人居环境保护与持续发展的重要积极作用，但也发现了其自身的不足和有待完善的问题。

"社区参与式"旅游显著激发了传统人居环境公共空间要素的保护动力，阿者科村村民的空间集体记忆高度集中于观景台、梯田等可作为主要旅游吸引物、富有当地特色的公共空间要素中，与游客的认知相似度高，充分体现了村民的经济收益、生活方式与文化旅游活动有机融合。"社区参与式"旅游在改善村民生活居住空间水平方面仍存明显缺陷，由于"社区参与式"旅游要求充分保留村民原有的生活状态，使游客可以充分感受其极具特色的住宅外观特征，但对使用者而言，村民则必须继续忍受其室内昏暗、面积狭小、设施不足等问题，依恋感日益下降，这一状况无法通过目前的旅游收入等获得充分弥补。"社区参与式"旅游在非物质文化保护传承等方面的作用有待进一步完善。对于观景台、图书流通处、长街宴等融入旅游活动中的要素印象依然深刻，而磨秋场、寨神林等传统祭祀性空间和寨门、石头路、山神水等与传统生活方式相关的要素印象则显著减少。这充分反映了"社区参与式"旅游使村民保持了相当程度活跃的本土精神生活但内容实质已发生了显著转变。因此在未来"社区参与式"旅游发展中，应注重对当地传统非物质文化的更深度发掘，使其得以更充分和全面地保护和传承。

阿者科村和大鱼塘村的生活空间和生产空间受到较多关注，而生态和仪式空间则被忽视。这可能导致文化空间的不平衡发展，忽视了乡土聚落的生态和文化多样性。为了平衡发展，建议加强对生态和仪式空间的保护和宣传，提升这些空间的可见性和可达性。同时，通过教育和文化活动，提高村民和游客对这些空间价值的认识，促进乡土聚落的全面保护和可持续发展。

第7章 空间意象认知、保护与更新：北京长辛店

本章基于集体记忆的空间意象研究框架运用于传统城镇，以北京市丰台区长辛店历史城镇为例，探索基于空间集体记忆的老镇保护与更新设计方法。通过口述访谈等的方式，收集、整理绘制空间集体记忆地图。依据"记忆度、历史价值、建设质量"三维评价体系，筛选出对老镇保护和更新具有关键性影响的空间集体记忆要素，并据此提出具体的发展规划策略。具体包括保护更新要素的梳理、弹性管理控制、功能升级优化、特色骨架搭建以及场所精神的塑造等。同时，还将重点关注集体记忆空间系统的构建、原有空间基底环境的保留、原有集体记忆特征的凸显以及新生功能与活动的注入等核心集体记忆空间设计的策略和方法。这些策略和方法可为经历自然发展形成、人文记忆丰富的传统城镇地区延续人文意象提供有针对性的指导。

7.1 长辛店历史城镇概况

长辛店位于北京城区西南，永定河畔卢沟桥对岸，明清时期为"九省御路"要津，也是重要的商业集镇。1897 年随着卢保铁路（卢沟桥—保定）的修建并在长辛店设站，建立卢保铁路工厂，早期商业城镇迅速转型为以铁路工厂为核心的工业城镇的生活社区。20 世纪初，长辛店曾是中国共产党领导"二七大罢工"等早期工人运动的革命摇篮。长辛店火车站、二七机车厂、工人老浴池、留法勤工俭学旧址、工人劳动补习学校旧址、二七工人俱乐部等遗址及相当数量的工人社区一直保存完好，街头巷尾记载了长辛店这一饱经沧桑的古镇在漫漫历史长河中孕育出的铁路工业、红色革命等特色文化（图 7-1）。然而时至今日，城镇景观总

体上已呈现较为衰败的面貌：昔日聚集了众多老字号的长辛店大街，现有店铺业态低端，大量平房住宅、生活街道、公共服务设施均破旧混乱。2015 年起"长辛店老镇复兴计划"开始实施，这一工业遗产城镇的价值被重新发掘，随着保护与有机更新理念的贯彻，对长辛店工业城镇生活性景观的关注，尤其是居民集体记忆的发掘研究被正式提上日程并付诸实施。

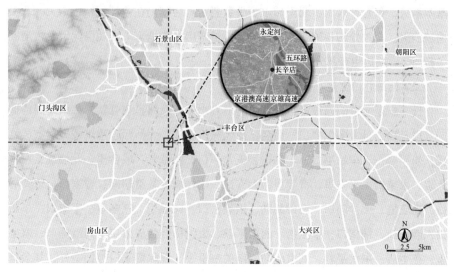

图 7-1　长辛店老镇区位示意图

本文研究范围为长辛店铁路周边主要的生活社区，包含长辛店老镇、桥西、西峰寺、东山坡等五个社区，西至西山坡，东至京港澳高速，南至周口店路，占地面积约 2.7 平方千米。

7.2　长辛店历史沿革

长辛店是在古驿站基础上发展而成的京西老镇，由于邻近永定河上的渡口，是西南进京的必经要道，也因此成为距离京城最近的驿站。明代已经成为"九省御路"的重要集镇，商贾云集，酒肆林立。1897 年随着"卢保铁路"修建并在长辛店设站，建立卢保铁路工厂，逐渐发展为铁路工业重镇。如今随着人口和产业向北京城区集聚，长辛店原有的繁盛商业、工业等功能逐渐消退，空间活力逐渐下降。

7.2.1　多元历史文化

（1）驿站商贸文化

由于长辛店从明清时期就是出入北京的重要驿站，由此带动了商业的发展。清代，这里逐渐形成了商贸繁盛的"五里长街"即长辛店大街，以北关、南关为界，沿长辛店大街聚集了众多老字号店铺。目前大街及沿线业态保留，但老字号基本消失，仅有聚来永、北天和永等少数老字号店铺仍在原址保留；南关、北关遗迹消失，南关处的石碑、石桥都被埋；长辛店大街地下1米处仍保留着古道的条石铺装，路边也有部分石材残存。

（2）传统巷口文化

长辛店是北京胡同最多、最集中的地方之一，总体呈鱼骨状，每条胡同都通向五里长街，且大多以"口"命名，命名源于店铺、大街标志建筑或聚居家族姓氏，如平心馆、车站小口、车站口、王家小口、紫草巷、成合里、北墙缝、谢家大院、米家口、平安里、育婴里、大寺口、仁寿域、教堂胡同、曹家口、留养局口、南墙缝、火神庙口、石碑胡同、娘娘宫口、同福里、三多里、王家口、车店口、西后街、祠堂口、东王店、西太平巷、大院口、合成公口、南当铺口、盛德里、花生店、东太平巷、刘家胡同、南关东里等。现除曹家口被拓宽外，其余基本保存完好。

（3）多元宗教文化

长辛店老镇由于商贸繁荣而吸引了各类人群，各种宗教信仰包括佛教、道教、伊斯兰教、天主教、基督教等也得以发展，且留下了娘娘宫、火神庙、清真寺、天主教堂、老爷庙、崇恩寺、弟子庵等历史遗存，其中娘娘宫、火神庙为国家级文物保护单位，清真寺、老爷庙为区级文物保护单位。现教堂、清真寺仍在使用，娘娘宫、火神庙、老爷庙部分遗存，而弟子庵、崇恩寺遗迹已消失。

（4）铁路工业文化

1897年随着"卢保铁路"修建并在长辛店设站，建立卢保铁路工厂，留下了铁路、长辛店火车站、二七机车厂、工人老浴池等一大批历史要素。现铁路仅剩货运功能，火车站不再承担客运功能，二七机车厂面临停产，老浴池早已关闭，仅存门楼。

（5）红色革命文化

长辛店老镇的红色革命文化与铁路工业文化密不可分，见证了中国工人运动中具有深远影响的"京汉铁路二七大罢工"，留下了毛泽东、李大钊、邓中夏等老一辈革命家的英雄足迹。二七大罢工等革命历史事件为老镇留下了诸多工人运动历史遗存，如长辛店留法勤工俭学旧址、工人劳动补习学校旧址、二七工人俱乐部等，均有迹可循。中华人民共和国成立后建设的二七烈士墓、二七纪念馆也成了重要的红色革命纪念地。

（6）特色民俗文化

长期以来，长辛店各种传统民俗文化盛行，如每年农历四月会在娘娘宫一带举行四月庙会，有高跷、拉洋片等；正月十五在长辛店大街从紫草巷到曹家口由各个工厂布置花灯；春节前夕留养局口有炮市。现在这些民俗活动都面临消失。

7.2.2　历史文化要素

多元的历史文化为长辛店留下了丰富的不同特点的历史遗存（图7-2），包括长辛店大街、北关、南关、老字号商铺等驿站商贸文化要素，火神庙口、娘娘宫口等传统巷口文化要素，娘娘宫、清真寺、火神庙、天主教堂、崇恩寺、老爷庙、

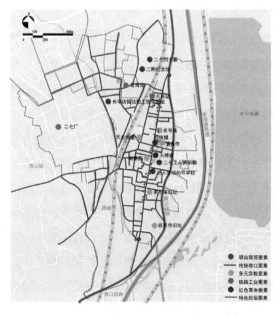

图 7-2　历史文化要素提炼

弟子庵等多元宗教文化要素，铁路、长辛店火车站、二七厂、老浴池等铁路工业文化要素，长辛店留法勤工俭学旧址、工人劳动补习学校、二七工人俱乐部等红色革命文化要素，以及四月庙、正月十五花灯、留养局口炮市等特色民俗文化要素。总体来看，长辛店老镇及周边地区的历史文化资源丰富，传统格局基本完整，但历史文化特色保护及发掘利用很不充分。

7.2.3　综合现状

历史上的长辛店为"九省御路"要津，商贸繁盛之地，工人运动摇篮，是个特色鲜明的京西古镇，而今天的长辛店面临显著的衰败。首先是产业结构发展滞后，传统工业生产已大部转移，日常生活服务业亟待升级；其次，居住房屋、道路交通、休憩空间等各类环境要素老化、混乱，亟待更新改善；更重要的是，长辛店被列入北京市棚户区改造项目后，由于大量居民搬迁导致长辛店的活力急剧下降。

总体来看，老镇记忆的消退、活力的消失是造成现状的核心问题，并由此导致产业经济以及建筑、交通、绿地等生活环境的全面落后，急需更新发展。

7.3　长辛店空间集体记忆要素特征

7.3.1　空间集体记忆要素的收集

研究团队在长辛店老镇及周边地区以口述访谈为主的方式，充分收集居民的空间集体记忆。口述访谈中首先明确范围，包括长辛店老镇及二七厂、桥西、东山坡、西峰寺等周边地区，访谈问题包括但不限于："看新闻说长辛店老镇近期要搬迁改造了，您有什么地方是特别舍不得的吗？""您儿时生活的地点是哪？经常去的地方是哪里？经常游玩的地方是哪里？""小时候有什么东西或者地方是特别难忘的吗？""您成年之后在哪里上班？怎么通勤呢？""您对长辛店老镇及周边地区印象最深的地方是哪里（不限于1个）？为什么？""您觉得最有意思的一段路线是什么线路？想象你正在走那条路线，按顺序描述你看到的、听到的、感觉到的东西，包括那些对你来说十分重要的路标或者地标、街道等任何有标志性的节点。""听说老镇以前有很多活动，比如庙会、大集市等，您印象最深刻的是什么活动？"在口述访谈过程中，根据访谈时的实际情况灵活地做出必要的调整，如必要时可以要求被访者作更详尽的描述等。共访谈 202 位长辛店老镇及周边地区的居民，排除表达过于简单的访谈后，整理得到有效的 200 份总计 72 万字的口述访谈实录。有效访谈的对象中，有 157 位为土生土长的本地居民，43 位为在长辛店老镇及周边生活多年（10 年以上）的外来居民。

随后将访谈实录中被访者谈论到的一些与空间集体记忆要素相关的关键语句提取出来；再者，对其中的关键词如"二七厂俱乐部""老浴池"等按划分意象的五要素，即"道路""边界""区域""节点""标志物"进行归纳分类；然后统计各个空间集体记忆要素的频数，计算各个空间集体记忆要素的频率 [频率＝（频数／口述访谈样本数）×100%]，并绘制记忆地图。

7.3.2　空间集体记忆的要素特征

对各类空间集体记忆要素的构成、类型、数量、记忆度等进行分析，以便进一步筛选空间集体记忆要素。同时对各类空间集体记忆要素的分布特征、空间结构等进行分析，可以为保护与更新规划中空间结构的塑造提供建议，以形成完整的空间感知体系。

将空间集体记忆要素按"道路""边界""区域""节点""标志物"五要素归纳分类，并统计频数及频率，见表 7-1。

表 7-1　空间集体记忆要素统计

要素	频数（次）	频率（%）	要素	频数（次）	频率（%）
区域（7 个）			车店口	21	10.5
北头	55	27.5	西后街	20	10.0
南头	88	44.0	祠堂口	36	18.0
二七厂	72	36.0	合成公口	29	14.5
桥西	57	28.5	南墙缝	25	12.5
西峰寺	21	10.5	娘娘宫口	2	1.0
东山坡	17	8.5	石碑胡同	4	2.0
东河	74	37.0	长辛店大街	122	61.0
道路（30 个）			曹家口	58	29.0
教堂胡同	28	14.0	大寺口	30	15.0
火神庙口	26	13.0	车站口	10	5.0
车站小口	1	0.5	大街浴池	34	17.0
平心馆	3	1.5	火神庙	71	35.5
王家小口	6	3.0	娘娘宫	75	37.5

续表

要素	频数	频率（%）	要素	频数	频率（%）
北墙缝	19	9.5	大街电影院	40	20.0
平安里	6	3.0	二七技校操场	13	6.5
育婴里	5	2.5	火车站广场	14	7.0
留养局口	15	7.5	工商银行	20	10.0
王家口	15	7.5	一小	39	19.5
西太平巷	4	2.0	二小	27	13.5
刘家胡同	5	2.5	十中	49	24.5
东太平巷	3	1.5	一中	6	3.0
花生店	5	2.5	七小	11	5.5
盛德里	1	0.5	大街幼儿园	18	9.0
大院口	3	1.5	第一幼儿园	16	8.0
南当铺口	10	5.0	二中	12	6.0
陈庄大街	8	4.0	冰场	2	1.0
紫草巷	3	1.5	制鞋厂	14	7.0
边界（5个）			自由市场	6	3.0
铁路	49	24.5	清真寺旁广场	4	2.0
九子河	10	5.0	南关	15	7.5
周口店路	32	16.0	李家菜园	3	1.5
京石高速	20	10.0	北口公交站	20	10.0
西山坡	15	7.5	南口公交站	42	21.0
节点（34个）			标志物（54个）		
老爷庙	40	20.0	劳动补习学校	34	17.0
清真寺	64	32.0	聚来永	70	35.0
天主教堂	81	40.5	勤工俭学旧址	5	2.5
二七俱乐部	33	16.5	老物件展览馆	9	4.5
老浴池	30	15.0	二七纪念馆	7	3.5
长辛店公园	64	32.0	二七烈士墓	15	7.5
北关	32	16.0	天桥	33	16.5
邮局	35	17.5	回民食堂	38	19.0
火车站	95	47.5	北天和永	30	15.0
长辛店酿造厂	32	16.0	菜市场	34	17.0
二百	93	46.5	三百	61	30.5
大车店	32	16.0	火车站副食店	6	3.0
老郭摊	22	11.0	大街49号	2	1.0
明聚德	25	12.5	少年之家	2	1.0

续表

要素	频数	频率（%）	要素	频数	频率（%）
石碑	31	15.5	煤场	7	3.5
小老爷庙	3	1.5	崇恩寺	19	9.5
北粮店	8	4.0	谢家大院	8	4.0
老北京	4	2.0	王家口 5 号	7	3.5
王小铺	9	4.5	刘铁铺	8	4.0
大食堂	6	3.0	弟子庵	2	1.0
小白楼	16	8.0	前进商店	2	1.0
义和永	2	1.0	糖房	11	5.5
理发一店	10	5.0	理发二店	10	5.0
首饰楼	2	1.0	大众食堂	7	3.5
大同工	12	6.0	书馆	1	0.5
照相馆	8	4.0	南粮店	8	4.0
罗圈铺	3	1.5	旧货业	1	0.5
碗儿店	3	1.5	社区卫生站	21	10.5
新华书店	18	9.0	北关居委会	6	3.0
慰安所	3	1.5	张茂坟	4	2.0
永济桥	21	10.5	棺材铺	4	2.0
龙王庙	7	3.5	张王魁	2	1.0
火车站旅馆	11	5.5			

（1）区域

区域类的空间集体要素总计 7 个，包括北头、南头、二七厂、桥西、西峰寺、东山坡、东河（图 7-3）。总体来看，对区域的记忆较为清晰，其中对北头、南头、二七厂、桥西、东河的记忆度较高。

（2）道路

道路类的空间集体要素总计 30 个，包括教堂胡同、火神庙口、车店口、西后街、祠堂口、合成公口、南墙缝、娘娘宫口、石碑胡同、长辛店大街、曹家口、大寺口、车站口、车站小口、平心馆、紫草巷、王家小口、北墙缝、平安里、育婴里、留养局口、王家口、西太平巷、刘家胡同、东太平巷、花生店、盛德里、大院口、南当铺口、陈庄大街（图 7-4）。道路要素主要集中在老镇区域，要素数量较多但记忆度普遍偏低，其中对长辛店大街、曹家口的记忆度较高。

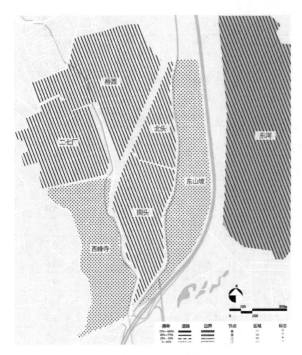

图 7-3　区域要素

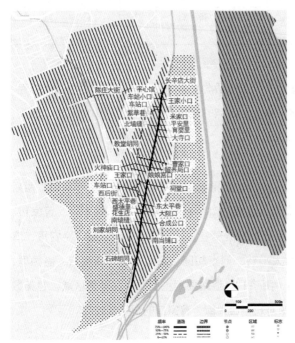

图 7-4　道路要素

（3）边界

边界类的空间集体要素总计 5 个，包括铁路、九子河、周口店路、京石高速、西山坡（图 7-5）。总体来看，对边界的记忆较为清晰，这与长辛店老镇的自身环境有关，其中对铁路的记忆度相对较高。

（4）节点

节点类的空间集体要素总计 34 个，包括老爷庙、清真寺、天主教堂、二七俱乐部、老浴池、长辛店公园、北关、邮局、火车站、长辛店酿造厂、二百、大街浴池、火神庙、娘娘宫、大街电影院、二七技校操场、火车站广场、自由市场、清真寺旁广场、南关、李家菜园、北口公交站、南口公交站、工商银行、一小、二小、十中、一中、七小、大街幼儿园、第一幼儿园、二中、冰场、制鞋厂。节点要素集中分布在老镇、二七厂和桥西区域，主要为历史遗存及公共建筑，其中对清真寺、天主教堂、娘娘宫、火神庙等历史要素及长辛店公园、火车站、二百等与居民生活密切相关的要素记忆度较高（图 7-6）。

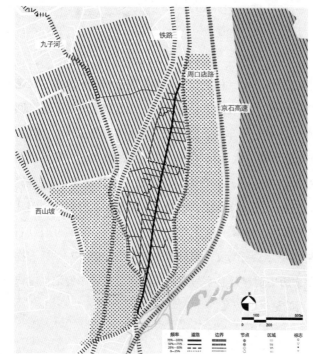

图 7-5　边界要素

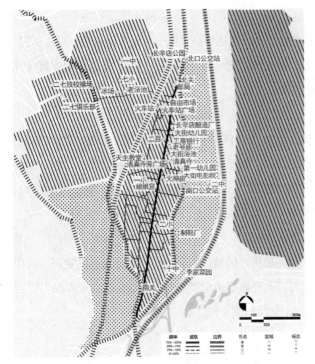

图 7-6　节点要素

（5）标志物

标志物类的空间集体要素总计 54 个，包括工人劳动补习学校、聚来永、长辛店留法勤工俭学旧址、民俗老物件展览馆、二七纪念馆、二七烈士墓、天桥、回民食堂、北天和永、菜市场、三百、大车店、老郭摊、明聚德、石碑、永济桥、龙王庙、火车站旅馆、火车站副食店、大街 49 号、少年之家、煤场、崇恩寺、谢家大院、王家口 5 号、刘铁铺、弟子庵、小老爷庙、北粮店、老北京、王小铺、大食堂、小白楼、义和永、理发一店、首饰楼、大同工、照相馆、罗圈铺、碗儿店、新华书店、慰安所、前进商店、糖房、理发二店、大众食堂、书馆、南粮店、旧货业、社区卫生站、北关居委会、张茂坟、棺材铺、张王魁（图 7-7）。标志物要素集中在老镇区域，主要为历史遗存及老字号商铺，要素数量较多但记忆度普遍偏低，其中对聚来永、三百的记忆度较高。

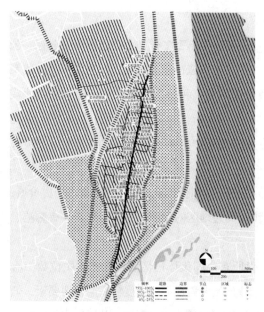

图 7-7　标志物要素

7.3.3　空间集体记忆的结构

空间集体记忆要素主要集中分布在老镇、二七厂和桥西区域，形成"一镇一厂一区一街一轴"的空间结构（图 7-8），"一镇"指长辛店老镇，"一厂"指二七厂，"一区"指桥西区域，"一街"指长辛店大街，"一轴"指陈庄大街。

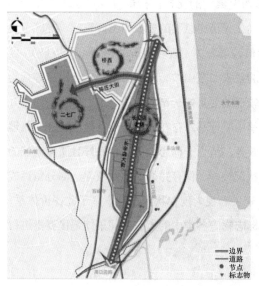

图 7-8　空间集体记忆结构

7.3.4　空间集体记忆的价值评估

总体来看，长辛店空间集体记忆要素体系丰富多样，主要包括历史遗存、公共建筑、老字号商铺、传统街巷，其中对历史遗存和与居民生活密切相关的要素记忆度较高。空间集体记忆要素最集中的老镇和桥西区域也是长期以来商业或生活设施及人流最为密集的区域，长辛店大街作为老镇传统街巷，串联了南北两侧重要的生活性景观要素，在今后的规划中将成为景观保护至关重要的衔接道路。

本章构建了一个空间集体记忆价值的三维评价体系，包括记忆度、历史价值、现存状况，以筛选出对于长辛店老镇及周边地区的保护与更新规划设计有影响意义的空间集体记忆要素。

关于记忆度的评判（图7-9），以所有空间集体记忆要素频率的中位数10%为界，将频率高于此中位数的空间集体记忆要素视为记忆度较高的主要要素，低于此中位数的空间集体记忆要素视为记忆度较低的次要要素。关于历史价值的评判（图7-10），区域、边界中年代悠久、有历史意义的要素如长辛店老镇、二七厂、铁路等视为历史价值较高，新近建设、无历史意义的要素如周口店路、京石高速等视为历史价值较低；道路要素中的传统街巷视为历史价值较高，非传统街巷视为历史价值较低；节点、标志物要素中的文物保护单位及其他历史要素如火神庙、娘娘宫等视为历史价值较高，无历史意义的要素如工商银行、社区卫生站、公交站以及学校等视为历史价值较低。关于现存状况的评判（图7-11），区域、边界中新近建设或利用率较高的要素如东山坡、周口店路、京石高速等视为现存状况较好，亟待更新或利用率较低的要素如长辛店老镇、二七厂、铁路、九子河等视为现存状况较差；道路要素中肌理基本存在的视为现存状况较好，肌理近乎消失的如曹家口视为现存状况较差；节点、标志物中保存完好且质量较好的要素如清真寺、聚来永等视为现存状况较好，保存完好但质量较差、部分留存或完全消失的要素如老浴池、北关、南关等视为现存状况较差。基于此评价体系，依次对区域、道路、边界、节点、标志物等各类中的所有空间集体记忆要素进行评价。

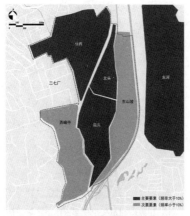

(a) 区域空间集体记忆要素记忆度评价

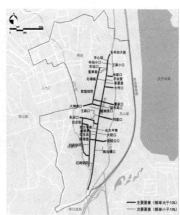

(b) 道路空间集体记忆要素记忆度评价

(c) 边界空间集体记忆要素记忆度评价

(d) 节点空间集体记忆要素记忆度评价

(e) 标志物空间集体记忆要素记忆度评价

图 7-9　空间集体记忆要素记忆度评价

（a）区域空间集体记忆要素历史价值评价

（b）边界空间集体记忆要素历史价值评价

（c）道路空间集体记忆要素历史价值评价

（d）节点空间集体记忆要素历史价值评价

（e）标志物空间集体记忆要素历史价值评价

图7-10　空间集体记忆要素历史价值评价

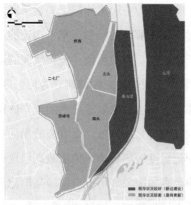

（a）区域空间集体记忆要素现存状况评价

（b）边界空间集体记忆要素现存状况评价

（c）道路空间集体记忆要素现存状况评价

（d）节点空间集体记忆要素现存状况评价

（e）标志物空间集体记忆要素现存状况评价

图 7-11　空间集体记忆要素现存状况评价

在保护更新策略的制订过程中，对于筛选出的空间集体记忆要素采取何种相对应的手段进行延续也是在筛选提炼过程中需要解决的问题。基于构建的三维评价体系，构造出 8 个象限，每个象限由于记忆度、历史价值、现存状况的不同而有不同的未来发展规划建议（图 7-12）。第一象限的要素如清真寺等记忆度较高、历史价值较高且现存状况较好，适宜活态保护；第二象限的要素如长辛店留法勤工俭学旧址等历史价值较高、现存状况较好但记忆度较低，适宜充分激活；第三象限的要素如二七厂、老浴池、火车站等记忆度较高、历史价值较高但现存状况较差，应积极修缮改造复建；第四象限的要素如南关等历史价值较高但记忆度较低、现存状况较差，应针对部分重要的要素适当修缮改造复建；第五象限的要素如公交站等记忆度较高但历史价值较低、现存状况较差，也应针对部分重要的要素适当修缮改造复建；第六象限和第七象限的要素如工商银行、幼儿园等现存状况较好但历史价值较低，应维持原状；第八象限的要素如制鞋厂等记忆度较低、历史价值较低且现存状况较差，可予以整体拆除。

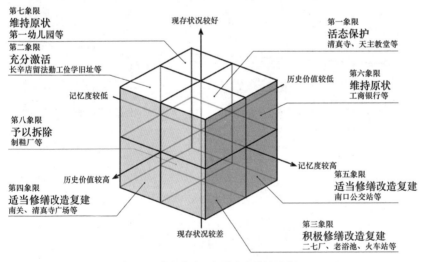

图 7-12　空间集体记忆要素发展规划建议

基于对所有空间集体记忆要素做出的记忆度、历史价值、现存状况的评价，将所有空间集体记忆要素落在相对应的象限，并依次给出所有空间集体记忆要素的未来发展规划建议，即活态保护、充分激活、修缮改造复建或维持原状。其中，未来发展规划建议为活态保护、充分激活、修缮改造复建的为老镇保护与更新中需要重点考虑的空间集体记忆要素，其中活态保护、充分激活的要素以保护为主，修缮改造复建的要素以更新为主。筛选出的对于长辛店老镇及周边地区的保护与更新规划设计有影响和指导意义的空间集体记忆要素及其未来发展规划建议（活态保护 / 充分激活 / 修缮改造复建)，如表 7-2 及图 7-13 所示。

表 7-2　空间集体记忆要素未来发展规划建议

元素分类	活态保护	充分激活	积极修缮改造复建	适当修缮改造复建
区域			二七厂	桥西
			南头	
			北头	
道路	火神庙口	娘娘宫口	长辛店大街	车站口
	车店口		曹家口	车站小口
	西后街		教堂胡同	石碑胡同
	米家口		大寺口	
	祠堂口			
	合成公口			
	南墙缝			
边界			铁路	九子河
节点	清真寺		二七俱乐部	二七技校操场
	天主教堂		老浴池	火车站广场
			长辛店公园	自由市场
			北关	清真寺旁广场
			邮局	南关
			火车站	李家菜园
			长辛店酿造厂	北口公交站
			二百	南口公交站
			老爷庙	
			大街浴池	
			火神庙	
			娘娘宫	
			大街电影院	

续表

元素分类	活态保护	充分激活	积极修缮改造复建	适当修缮改造复建
标志物	工人劳动补习学校	留法勤工俭学旧址	天桥	龙王庙
	聚来永	民俗老物件展览馆	回民食堂	火车站旅馆
		二七纪念馆	北天和永	大街49号
		二七烈士墓	菜市场	少年之家
			三百	煤场
			大车店	崇恩寺
			老郭摊	谢家大院
			明聚德	王家口5号
			石碑	刘铁铺
			永济桥	弟子庵
				小老爷庙
				大同工等老字号

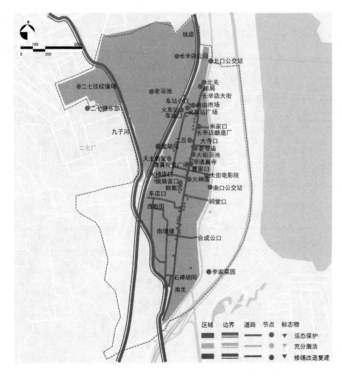

图7-13　空间集体记忆要素未来发展规划建议

7.4　基于集体记忆的长辛店历史城镇空间保护与更新

7.4.1　梳理保护更新要素

　　根据上述空间集体记忆要素规划建议，尤其是对于未来需要修缮改造复建的要素，应充分结合其自身特色及相应政策，选择相适宜的功能植入或置换。如铁路线上的南关、火车站等地区，在发展过程中逐渐失去原有功能，同时因为现状并不能被居民所记忆，但其历史价值较高，可将其转变为铁路公园等生活景观性功能，将遗存的历史要素融入新的记忆元素，使其既能传承历史文脉、延续集体记忆，又能提供景观效果，改善生活环境。

7.4.2　搭建特色景观骨架

　　基于长辛店特殊的历史发展进程，整理出多条历史脉络，并结合部分未利用的潜力场地空间，串联起碎片化的集体记忆要素，形成有特色的景观骨架，塑造完整的长辛店工业城镇生活性景观空间感知体系。总体上，构成了"一核引领，三心并立，一轴发展，四带延伸，两轴衔接，四大片区联动"的空间结构布局（图 7-14）。其中，浴池广场、长辛店公园、火车站、留法勤工俭学旧址、火神庙

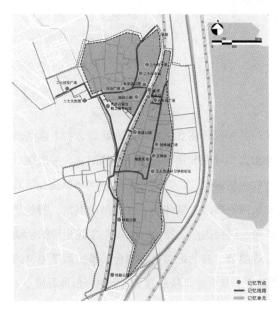

图 7-14　空间结构

等记忆节点通过陈庄大街、长辛店大街、车店口等传统街巷及铁路等串联整合形成铁路工业特色记忆主题线路，营造出记忆特征鲜明的整体环境（图7-15）。

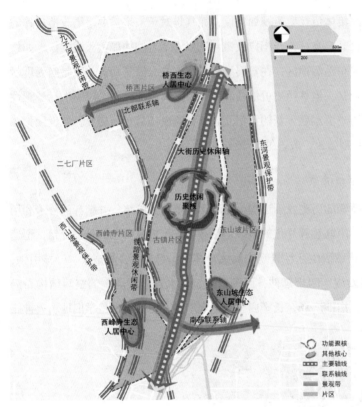

图 7-15 特色记忆线路

7.4.3 主题业态和活动融入

除了物质空间的保护与更新，一系列与既往文化相吻合的新业态和主题活动的融入，也是重现长辛店场所精神和人文气息的重要举措。具体而言，考虑现有历史要素条件、空间集体记忆及现代生活需求，策划形成特色老字号体验、清真美食制作及品鉴、铁道漫步、火车站博物馆浸入式体验、红色革命展览、特色居住体验、庙会、铁路工业、红色革命、居民生活、特色民俗多个主题相应的活动项目，以及四月庙会、腊月炮市、戏曲节、二七纪念日等特色节事。修复完善的景观空间体系在上述系列活动的带动下，其文化延续的意义得以进一步地彰显。

7.5　本章小结

空间集体记忆研究为在人文社会视角下开展工业城镇生活性景观保护更新提供了极为有益的思路。本章以北京长辛店为例，尝试以空间集体记忆这一切入点来建立工业城镇生活性景观保护与更新的方法。本章的创新点及意义在于：首先，以新视角和手法研究工业城镇景观保护与更新，打破以往工业遗产保护更新中更关注生产性景观的做法，而是重点关注更多承载民众记忆的生活性景观，同时打破以往工业遗产保护更新中传统的以物质空间评价为主的规划设计方法，强调"以人为本"，将人文社会因素注入更新与保护；其次，重点探索构建了空间集体记忆要素综合评价体系以筛选分析具有影响力的要素并指导工业城镇生活性景观保护与更新，这样的探索有助于整个规划设计过程更为精准、有效地实现生活性景观的整体、活态可持续更新。

长辛店老镇的集体记忆要素虽丰富，但记忆度分布不均，尤其是道路类要素记忆度普遍偏低，而节点类中的历史遗存和公共建筑记忆度较高。这可能指向了居民对日常使用空间的认同感不足，以及对历史和文化价值的重视。建议提升老镇区域道路的识别度和历史价值传达，通过文化导览、故事讲述等方式增强居民和游客对这些空间的记忆。同时，对于节点类要素，应加强保护和活化利用，举办与当地历史文化相关的活动，以提高其在社区中的活跃度和认同感。

第8章 空间意象认知与开放空间设计：北京费家村、东辛店村

在城市建设快速扩张的过程中，城市边缘的诸多村庄面临着拆迁压力，社区的本土文化也面临着消失。因此在各类城乡开放空间的营造中，对既往的历史痕迹进行保留及对传统意象良好的延续具有重要的意义。本章基于集体记忆研究框架，收集北京市朝阳区崔各庄乡费家村、东辛店村片区的集体记忆要素，并依托"记忆度、历史价值、建设质量"三维评价体系，筛选出最有意义的要素，据此提出延续原有空间形态、构建集体记忆系统、扩展记忆传播维度、优化居住空间品质四方面的开放空间规划设计策略，重构集体记忆的空间体系，为城市边缘区域乡村聚落及开放空间更新策略的提供有价值的指引。

8.1 费家村概况与历史沿革

8.1.1 区域概况

本章的研究范围主要包括崔各庄乡费家村和东辛店村片区。研究区域位于北京市朝阳区的崔各庄乡内的城市边缘区聚落，地处北京市第二道绿化隔离带和温榆河绿色生态走廊内，紧邻望京地区和酒仙桥文创区，周边分布着众多科技企业和文化园区，以及正在建设中的中关村朝阳园（图 8-1）。费家村、东辛店村片区属于城市边缘聚落，既有原住民居住，又承担着众多外来人口的居住和工作功能。其空间功能交织，历史要素不断流失，若盲目拆迁腾退建设势必会影响场地的稳定发展，故研究认为应在充分尊重现状的前提下，对场地内的建设用地进行适量拆迁腾退（图 8-2）。

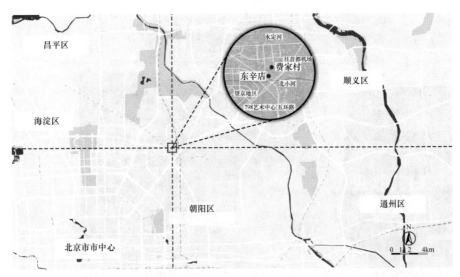

图 8-1　费家村—东辛店村片区区位示意图

(a) 费家村　　　　　　　　　　(b) 东辛店村

图 8-2　现状照片

根据《北京城市总体规划（2016 年—2035 年）》《朝阳分区规划（国土空间规划）（2017 年—2035 年）》等的要求，场地内主要为生态混合区、永久基本农田保护区、林草保护区、城镇建设用地和水域保护区，但规划未进一步明确生态混合区的发展方向（图 8-3）。

图 8-3　费家村、东辛店村片区周边资源示意图

8.1.2　历史沿革

　　费家村和东辛店村片区所在的崔各庄乡的历史可追溯至辽金时期。最初，这里作为皇家牧场和交通要道；明清时期，成为重要的养马场、屯军兵营和粮仓；后许多达官显贵安葬于此，故崔各庄多有命名为"坟、沟、坑"的地名，如费家坟、马蜂沟、索家坟等。1985 年东郊农场正式成立，开始了崔各庄农副产品加工的历史并兴建了众多厂房。2000 年前后，有艺术家将废弃厂房改造为艺术区，艺术家的集聚使得文化产业快速发展。2007 年以来，对费家村、东辛店村周边几个村庄进行了拆迁重建，流动人口大规模增加。而如今费家村、东辛店村周边正面临着因快速城镇化建设、本地人口流失而引发的地域特色缺失、地方感弱化等问题（图 8-4）。

图 8-4　费家村—东辛店村片区历史沿革

　　由此可见，费家村、东辛店村一带历史文化资源丰富，影响较大的包括艺术村文化、传统农耕文化、皇家御马场文化等。近年来，随着城镇化的进行，部分原住民搬入回迁小区，而没有拆迁的村庄则将房屋进行改造并出租，吸引来众多艺术家和租客。但原住民流出造成传统文化记忆逐渐消失，而租住者的流入带来了全新的艺术文化元素和生活空间活力。因此，该片区亟待保护和发扬传统文化，保留和创新艺术文化元素，同时使二者能够融合共生。

8.2　费家村空间集体记忆的收集与评价

8.2.1　集体记忆要素收集

　　调研工作于费家村、东辛店村片区及周边地区开展，主要通过口述访谈的形式，发掘当地原住民和租住者的集体记忆。口述访谈对象主要是费家村、东辛店村的原住民和租住者（居住时间 5 年以上），访谈问题见表 8-1。调研共收集了 97 份有效访谈记录，其中原住民 31 人，租住者 66 人。

表 8-1　费家村集体记忆口述访谈问题提纲

访谈对象	原住民	租住者
访谈问题	1. 如果费家村、东辛店村以后要拆迁改造，您有什么地方特别舍不得的吗？	1. 请问您是什么时候搬来这里的？从事的是什么职业？通勤方式？
	2. 您儿时生活的地点是哪里？经常去的地方是哪里？经常游玩的地方是哪里？	2. 住在村里的这段时间，您经常去的地方是哪里？您最喜欢的地点是哪里？
	3. 小时候有什么特别的东西或地方是特别难忘的吗？	3. 您对费家村、东辛店村及周边地区印象最深刻的地方是哪里？为什么？
	4. 请问您从事的是什么职业？通勤方式？	4. 您是否见证或参与过村里举行的一些活动？
	5. 听说崔各庄乡以前的很热闹，如庙会、大集市等，您印象最深刻的是什么活动？	5. 如果您以后继续住在这里，最希望保留的东西是什么？
	6. 您对费家村、东辛店村及周边地区印象最深刻的地方是哪里？为什么？	6. 您觉得村里哪些地方最热闹？
	7. 请您凭着记忆说出村里已经消失的事物，包括您觉得重要的构筑物、事件、人物、环境。	7. 您平时的生活轨迹有哪些？
		8. 您觉得这里和老家相比有什么不一样？
		9. 您平时喜欢到村里哪些地方玩？

对访谈记录进行整理，提取受访者提到的集体记忆关键词，先按空间要素、文化要素和行为要素进行分类，再按照凯文·林奇的城市意向五要素即"道路""边界""区域""节点""标志物"进行归纳划分，统计要素被提及的次数，计算各要素在总体样本中的频率［频率＝（样本频数/总体样本频数）×100%］，以此判断该要素的记忆程度。

通过对收集到的记忆要素类型和记忆程度进行分析可以帮助筛选出合适的集体记忆要素。将收集到的空间集体记忆要素统计后绘制成记忆地图，来指导未来规划中空间结构的塑造。对于文化要素和行为要素，通过统计后对其特征进行描述，以丰富和完善空间记忆系统。

通过调研并整理数据，共收集到 81 个集体记忆要素，包含 60 个空间要素（图 8-5）、5 个文化要素和 16 个行为要素，在对收集到的要素频数和频率进行统计后，结果见表 8-2。

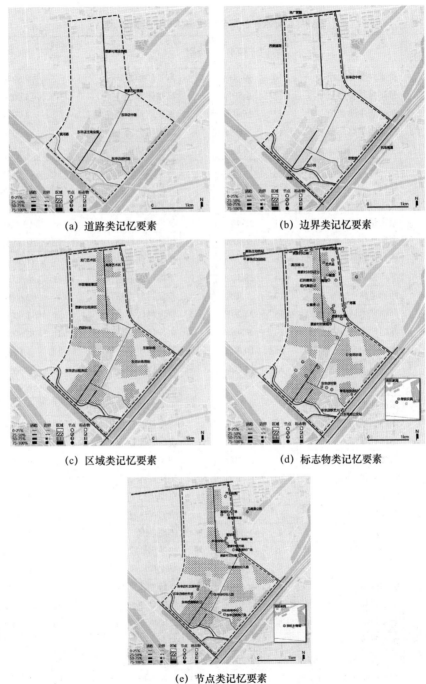

(a) 道路类记忆要素

(b) 边界类记忆要素

(c) 区域类记忆要素

(d) 标志物类记忆要素

(e) 节点类记忆要素

图 8-5　费家村、东辛店村集体记忆空间要素

表 8-2　费家村、东辛店村集体记忆要素统计

类别	要素	频数（次）	频率	类别	要素	频数（次）	频率
空间要素 道路类	费家村商业街路	56	30.30%	空间要素 节点类	东辛店娘娘庙	2	0.80%
	费家村村委路	12	6.50%		高塔停车场	13	5.00%
	东辛店主商业街	47	25.40%		东辛店社区服务站	7	2.70%
	东辛店中路	16	8.60%		马南里公园	13	5.00%
	东辛店进村路	31	16.80%		京旺乡情馆	5	1.90%
	滨河路	23	12.40%		东辛店村村委会	3	1.20%
边界类	铁路	26	11.40%	空间要素 标志物类	雕塑	34	14.50%
	北小河	19	8.30%		艺术品	27	11.50%
	京密路	51	22.40%		高塔	36	15.30%
	东辛店中街	22	9.60%		崔各庄地铁站	25	10.60%
	机场高速	46	20.20%		崔各庄加油站	3	1.30%
	来广营路	64	28.10%		草场地加油站	2	0.90%
	西侧道路	12	5.30%		费家村村委超市	6	2.60%
区域类	高塔艺术区	58	24.20%		费家村村委会	5	1.90%
	龙门艺术区	20	8.30%		东辛店公交站	16	6.80%
	半亩塘创意区	24	10.00%		红砖建筑	12	5.10%
	费家村出租房区	33	13.80%		公寓楼	21	8.90%
	东辛店出租方区	38	15.80%		高压线	16	6.80%
	东部林地	3	1.30%		东郊农场	2	0.90%
	东郊农场用地	12	5.00%		广寿墓	3	1.30%
	西部林地	1	0.40%		费家村冷饮店	6	2.60%
节点类	高塔艺术广场	41	15.80%		费家村铁艺大门	2	0.90%
	健身器材广场	30	11.50%		现代舞团	11	4.70%
	汽车检测厂	2	0.80%		东辛店铁艺大门	1	0.40%
	篮球场	23	8.80%		费家村红砖门	3	1.30%
	乒乓球场	4	1.50%		传统农具	1	0.40%
	东辛店村树阵广场	16	6.20%	文化要素	奶子房庙会	9	15.50%
	费家村文化墙	8	3.10%		马文化	1	1.70%
	白松商务中心	1	0.40%		农耕文化	6	10.30%
	东辛店村幼儿园	6	2.30%		北漂文化	23	39.70%
	费家村幼儿园	5	1.90%		艺术村文化	19	32.80%
	费家村菜市场	49	18.80%	行为要素	买菜	46	12.00%
	广寿碑广场	3	1.20%		洗衣晾衣	24	6.30%
	东辛店综合市场	32	12.30%		地铁出行	12	3.10%

续表

类别	要素	频数（次）	频率	类别	要素	频数（次）	频率
行为要素	公交出行	9	2.30%	行为要素	运动	27	7.00%
	散步	20	5.20%		照顾小孩	11	2.90%
	步行	43	11.20%		门店售卖	19	4.90%
	电动车出行	57	14.80%		摊位售卖	34	8.90%
	打招呼	12	3.10%		出租公寓	63	16.40%
	汽车出行	5	1.30%		聊天	31	8.10%
	参观展览	2	0.50%				

8.2.2　集体记忆要素分析

（1）空间要素

将空间要素记忆程度按其中位数20%为界限，其中记忆程度相对较高（高于20%）的要素为费家村商业街、来广营路、高塔艺术区（图8-6）、东辛店商业街（图8-7）和机场高速，以道路类、边界类和区域类要素为主，分布在场地内部居民点中和场地南北两侧。通过进一步分析空间要素发现，原住民和租住者在道路类、边界类、区域类和节点类中记忆程度最高的要素一致，都对与生活和艺术有关的空间要素记忆程度更高，但原住民对有一定年代的空间要素记忆程度较高，

图 8-6　高塔艺术区

图 8-7 东辛店村商业街

而租住者则对新建的空间要素记忆程度较高。

（2）文化要素

文化要素包括奶子房庙会、马文化、农耕文化、艺术村文化和北漂文化。其中北漂文化的记忆程度最高，达到 39.7%；艺术村文化、奶子房庙会和农耕文化次之；马文化的记忆程度最低，仅为 1.7%。通过分析文化记忆要素发现，原住民和租住者对艺术村文化都有较高的记忆程度，但原住民对于奶子房庙会、农耕文化等当地传统文化的记忆程度较高，而租住者中以外地人为主，因此，对艺术村文化、北漂文化等当代社会产生的文化要素记忆程度较高（图 8-8）。

（3）行为要素

行为要素包括买菜、电动车出行、步行、运动、洗衣晾衣、照顾小孩等生活

图 8-8 东辛店村娘娘庙

行为，以及出租公寓、摊位售卖等商贸行为。其中出租公寓的记忆程度最高，为16.4%；电动车出行、买菜、步行的记忆程度次之；参观展览、汽车出行的记忆程度最低，仅为 0.5% 和 1.3%。通过分析行为记忆要素发现，在生活行为上，原住民与租住者的出行方式以电动车、步行、地铁、公交为主，两者在生活行为方面没有明显差异；在商贸行为上，部分原住民经营出租公寓，而租住者则是经营摊位售卖、门店售卖和出租公寓。

8.2.3　集体记忆要素评价

每个集体记忆要素对于费家村、东辛店村片区的重要程度不同，因此，为了筛选出对场地最有意义的记忆要素，本章构建了一个包括空间要素、文化要素和行为要素三个方面的集体记忆要素评价体系，而后将记忆要素评价结果落位于三维坐标系，并对记忆要素进行归纳分类。

（1）空间要素评价

本章通过建立集体记忆空间要素三维评价体系，从记忆程度、历史价值、现存状况三个方面进行评价，筛选出对崔各庄费家村、东辛店村片区规划设计有影响意义的集体记忆空间要素。

对于记忆程度的评价标准，以空间要素频率的中位数 6% 为界，高于 6% 的要素视为主要要素，低于 6% 的要素视为次要要素（图 8-9）。对于历史价值的评价标准，道路类中历史价值较高的为具有一定年代或历史意义的道路，历史价值较低的为近期新建或无历史意义的道路；边界类、区域类中历史价值较高的为有一定年代和历史的要素，历史价值较低的为近期新建和无历史意义的要素；节点类、标志物类中历史价值较高的为文物保护单位及其他历史要素，历史价值较低的为无历史意义的要素（图 8-10）。对于现存状况的评价标准，将道路类中现存状况较好的为路面平整且利用率较高的要素，现存状况较差的为路面残损或利用率较低的要素；边界类、区域类中现存状况较好的为近期新建或利用率较高的要素，现存状况较差的为已经消失或利用率较低的要素；节点类、标志物类中现存状况较好的为近期新建或保存较好，并且利用率较高的要素，现存状况较差为保存一般或已经消失，并且利用率较低的要素（图 8-11）。

（a）道路类记忆要素记忆程度评价

（b）边界类记忆要素记忆程度评价

（c）区域类记忆要素记忆程度评价

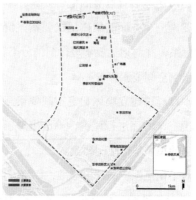

（d）标志物类记忆要素记忆程度评价

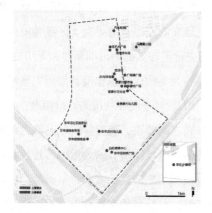

（e）节点类记忆要素记忆程度评价

图 8-9　费家村、东辛店村集体记忆空间要素记忆程度评价

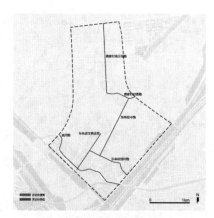

(a) 道路类记忆要历史价值评价

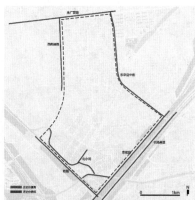

(b) 边界类记忆要历史价值评价

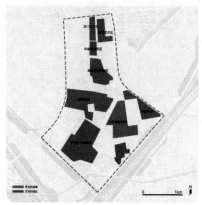

(c) 区域类记忆要历史价值评价

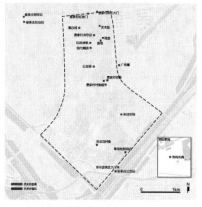

(d) 标志物类记忆要历史价值评价

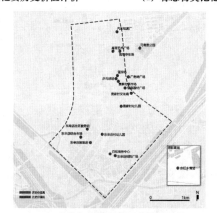

(e) 节点类记忆要素历史价值评价

图 8-10　费家村、东辛店村集体记忆空间要素历史价值评价

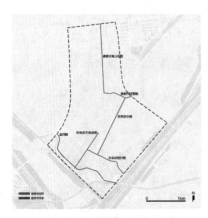

(a) 道路类记忆要素现存状况评价

(b) 边界类记忆要素历史价值评价

(c) 区域类记忆要素现存状况评价

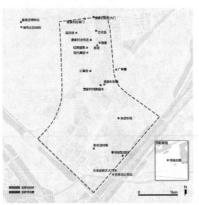

(d) 标志物类记忆要素现存状况评价

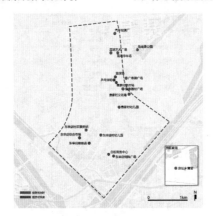

(e) 节点类记忆要素现存状况评价

图8-11　费家村、东辛店村集体记忆空间要素现存状况评价

　　随后建立三维坐标系并划分为八个象限，将评价结果落位于对应象限中，再根据要素特征对每个象限进行归纳分类。第一象限是记忆程度高、历史价值高且现存状况好的要素，第二象限是记忆程度高、现存状况好但历史价值低的要素，将位于第一、二象限的要素归纳为活态保护类；第三象限是记忆程度低、历史价值低但现存状况好的要素，第四象限是历史价值高、现存状况好但记忆程度低的要素，将位于第三、四象限的要素归纳为充分利用类；第五象限是记忆程度高、历史价值高但现存状况差的要素，第六象限是记忆程度高但历史价值低、现存状况差的要素，第八象限是历史价值高但记忆程度低、现存状况差的要素，将位于第五、六、八象限的要素归纳为改造复建类；第七象限是记忆程度高、历史价值高但现存状况差的要素，将位于第七象限的要素归纳为维持现状类。归纳结果如图 8-12 所示。

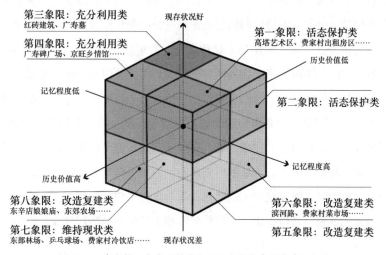

图 8-12　费家村、东辛店村集体记忆空间要素发展建议分类

（2）文化要素评价

　　崔各庄地区历史文化资源丰富，本章分别从记忆程度、历史价值、发展现状三个方面进行评价，筛选出能够有效指导崔各庄地区特色文化塑造的集体记忆文化要素。对于记忆程度的评价标准，以文化要素频率的中位数 15% 为界，大于 15% 的要素视为主要要素，低于 15% 的要素视为次要要素。对于历史价值的评价

标准，历史价值较高的为具有历史价值的传统文化要素，如奶子房庙会、马文化、农耕文化等，历史价值较低的为无历史价值的当代文化要素，如艺术村文化、北漂文化等。对于发展现状的评价标准，发展现状较好的为传播途径广泛或普及程度高的文化要素，如奶子房庙会、艺术村文化等，发展现状较差的为传播途径单一或普及程度低的文化要素，如马文化、农耕文化等。评价结果见表 8-3。

表 8-3　费家村、东辛店村集体记忆文化要素的记忆程度、历史价值、发展现状评价

类别	记忆要素	记忆程度	历史价值	发展现状
文化要素	奶子房庙会	主要要素	较高	较好
	马文化	次要要素	较高	较好
	农耕文化	次要要素	较高	较差
	艺术村文化	主要要素	较低	较好
	北漂文化	主要要素	较低	较差

随后建立三维坐标系并划分为八个象限，将评价结果落位于对应象限中，再根据要素特征对每个象限进行归纳分类。第一象限是记忆程度高、历史价值高且发展状况好的要素，第二象限是记忆程度高、发展状况好但历史价值低的要素，将位于第一、二象限的要素归纳为活态延续类；第三象限是记忆程度低、历史价值低但发展状况好的要素，第四象限是历史价值高、发展状况好但记忆程度低的要素，将第三、四象限的要素归纳为创新传播途径类；第五象限是记忆程度高、历史价值高但发展状况差的要素，第八象限是历史价值高但记忆程度低、发展状况差的要素，将位于第五、八象限的要素归纳为充分激活类；第六象限是记忆程度高但历史价值低、发展状况差的要素，第七象限是记忆程度高、历史价值高但发展状况差的要素，将位于第六、七象限的要素归纳为维持现状类。归纳结果如图 8-13 所示。

（3）行为要素评价

日常生活行为是居民最基本的需求。本章从记忆程度、需求程度、满足情况三个方面对集体记忆行为要素进行评价。对于记忆程度，以行为要素频率的中位数 6% 为界，大于 6% 的要素视为主要要素，低于 6% 的要素视为次要要素。对于需求程度，需求程度较高的为满足基本生存的行为要素，如买菜、电动车出行、聊天等，需求程度较低的为提升生活质量的行为要素，如看展览、散步等。对于

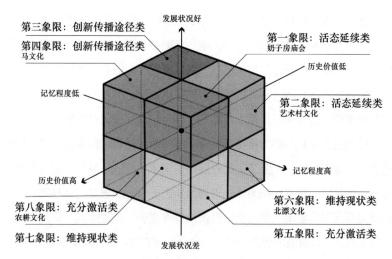

图 8-13　费家村、东辛店村集体记忆文化要素发展建议分类

满足情况，满足情况较好的为已有足够设施可以支撑其需求的行为要素，如地铁出行、门店售卖等，满足情况较差的为无法支撑或支撑情况较差的行为要素，如运动、聊天等。评价结果见表 8-4。

表 8-4　费家村、东辛店村集体记忆行为要素的记忆程度、需求程度、满足情况评价

类别	记忆要素	记忆程度	需求程度	满足情况
行为要素	买菜	主要要素	较高	较好
	洗衣晾衣	次要要素	较高	较差
	地铁出行	次要要素	较高	较好
	公交出行	次要要素	较高	较好
	散步	次要要素	较低	较差
	步行	主要要素	较高	较差
	电动车出行	主要要素	较高	较差
	汽车出行	次要要素	较高	较差
	参观展览	次要要素	较低	较好
	运动	主要要素	较低	较差
	照顾小孩	次要要素	较高	较差
	门店售卖	次要要素	较高	较好
	摊位售卖	主要要素	较高	较好
	出租公寓	主要要素	较高	较好
	聊天	主要要素	较高	较差
	打招呼	次要要素	较高	较好

随后建立三维坐标系并划分为八个象限，将评价结果落位于对应象限中，再根据要素特征对每个象限进行归纳分类。第一象限是记忆程度高、需求程度高且满足情况好的要素，第二象限是记忆程度高、满足情况好但需求程度低的要素，将位于第一、二象限的要素归纳为活态更新类；第三象限是记忆程度低、需求程度低但满足情况好的要素，第四象限是需求程度高、满足情况好但记忆程度低的要素，将位于第三、四象限的要素归纳为维持现状类；第五象限是记忆程度高、需求程度高但满足情况差的要素，第六象限是记忆程度高但需求程度低、满足情况差的要素，将位于第五、六象限的要素归纳为优化设施品质类；第七象限是记忆程度高、需求程度高但满足情况差的要素，第八象限是需求程度高但记忆程度低、满足情况差的要素，将位于第七、八象限的要素归纳为完善设施配置类。归纳结果如图 8-14 所示。

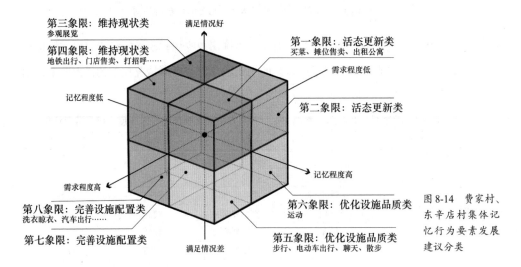

图 8-14　费家村、东辛店村集体记忆行为要素发展建议分类

8.3　基于集体记忆的费家村公园规划设计

在保留和延续集体记忆的前提下，如何有针对性地对各个集体记忆要素提出指导意见是延续集体记忆的过程中需要解决的问题。基于上文中建立的三维坐标系及对每个象限的类型划分，分别对空间要素、文化要素、行为要素三维坐标系中的每个类型提出规划建议，如图 8-15 所示。

从总体上看，费家村、东辛店村片区的历史文化资源较为丰富，有较为明显的历史文化特征，同时不断有文化创意产业为其注入新内涵，但也存在着对历史文化

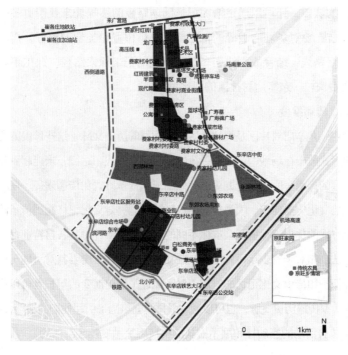

- - - 规划范围
■ 活态更新类
■ 充分利用类
■ 改造修复类
■ 维持现状类

图 8-15 费家村、东辛店村集体记忆空间要素规划发展建议

资源的保护和利用不足、乡愁记忆缺失、产业发展模式缺乏竞争力、生活环境恶化等问题。因此，如何延续历史记忆、唤醒乡愁共鸣、激发文化活力、兼顾居民日常生活需求，成为崔各庄费家村、东辛店片区开放空间规划设计中必须解决的问题。

8.3.1 设计策略

（1）延续原有空间形态

崔各庄地区呈现出的城乡接合部居住形态与现代城市居住区有着截然相反的空间肌理，其中的街巷、建筑都记录着最真实的生活模式。为了避免规划对空间形态保护和生活模式延续产生反作用，我们在集体记忆空间规划设计的过程中，必须要在尊重原有的物质基础和空间氛围的基础上对空间肌理和形态进行织补和修复，为延续集体记忆奠定空间基础。

（2）构建集体记忆系统

崔各庄费家村、东辛店村片区的记忆要素呈现破碎化的分布形态，使得社会群体难以形成完整深刻的记忆。系统全面的记忆体系不仅有利于不同社会群体建立其对场地记忆的认知，还可以通过增加记忆活动路径的趣味性来获得更多的空间活力。因此，首先要对场地内破碎的记忆要素进行位置和类型的梳理，再将这些要素串联成记忆路线，结合故事线索布置成不同的记忆探索路径，深化不同社会群体对崔各庄费家村—东辛店村片区的记忆感知。

（3）扩展记忆传播维度

崔各庄费家村、东辛店村片区及周边地区有着深厚的历史文脉，这些珍贵的文化资源以碎片化的形式散布在场地中，缺乏系统的记忆传播方式和路径，未能起到唤起社会群体情感共鸣的作用。所以要挖掘更加有效的记忆传承方式和传播途径，使其起到唤醒乡愁记忆的文化传播作用。人类社会的代际特征能够对文化记忆起到传承的作用，首先，传承方式的优化应根据社会群体不同的年龄层级，针对其各自特征提出行之有效的实施方法。如对于青少年可以组织一些文化体验活动，增强其对当地历史文化的了解，培养保护和传承文化记忆的意识；对于见证了历史演变的年长者可以用口口相传的方式为大家传递历史文脉，也可以通过强化空间氛围来引起他们的情感共鸣。此外，通过增加体验活动的互动性和展示形式的科技感来触发社会群体的直观感受。

（4）优化居住空间品质

长期以来，居住功能是崔各庄费家村、东辛店村片区的主要功能之一，但目前面临的居住环境拥挤、基础设施落后等问题，使得日常生活行为难以得到满足。居民的基本生活需求得不到满足会导致该地区的生活氛围感减弱，无法延续生活场景记忆，而宜人的居住环境则能引导更丰富的行为活动，增加公共空间活力。因此，提升公共空间品质不仅能够满足居住者的基本需求，提高生活环境品质，还能为多样化的日常生活行为提供活动场地，促进社会交往行为的产生，从而进一步加强文化记忆的交流。

8.3.2　设计方案

分析场地综合现状、历史文化特色、集体记忆构成，崔各庄绿色开放空间承担着重要的居住功能和生态功能，具有优越的文创产业基础，极具开发潜力的农业用地和有着悠久历史的奶子房庙会。基于上述结论和规划要求，将崔各庄绿色开放空间打造为宜居宜业宜游的绿色开放空间，以期达到传承地域文化、唤醒乡愁共鸣、激发场地活力的作用，总平面图（图 8-16）和鸟瞰图（图 8-17）如下。

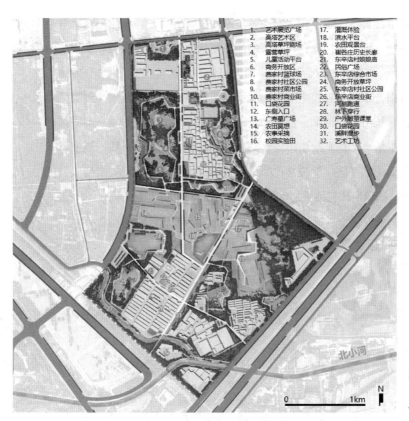

1. 艺术展览广场	17. 灌溉体验
2. 高塔艺术区	18. 滨水平台
3. 高塔草坪剧场	19. 农田观景台
4. 露营草坪	20. 崔各庄历史长廊
5. 儿童活动平台	21. 东辛店村娘娘庙
6. 商务开放区	22. 民俗广场
7. 费家村篮球场	23. 东辛店综合市场
8. 费家村社区公园	24. 商务开放草坪
9. 费家村菜市场	25. 东辛店村社区公园
10. 费家村商业街	26. 东辛店商业街
11. 口袋花园	27. 河道跑道
12. 东侧入口	28. 林下步行
13. 广寿墓广场	29. 户外雕塑课堂
14. 农田冥想	30. 口袋花园
15. 农事采摘	31. 溪畔漫步
16. 校园实验田	32. 艺术工坊

图 8-16　费家村、东辛店村规划总平面图

图 8-17　费家村、东辛店村规划鸟瞰图

　　通过梳理和整合崔各庄绿色开放空间各类集体记忆要素，将集体记忆要素串联成集体记忆路线，构成集体记忆片区，增加各要素之间的内在联系。规划共形成艺术类记忆系统、农耕类记忆系统、生活类记忆系统和传统文化类记忆系统。艺术类记忆系统由艺术区、展览空间等串联构成记忆路线，形成艺术文创记忆片区。农耕类记忆系统由农场原址、农业种植体验等串联构成记忆路线，形成都市农业记忆片区。生活类记忆系统由市场、商业街等串联构成记忆路线，形成费家村和东辛店村生活记忆片区。传统文化类记忆系统由娘娘庙等记忆要素构成记忆路线，形成费家村和东辛店村传统文化记忆片区（图8-18）。

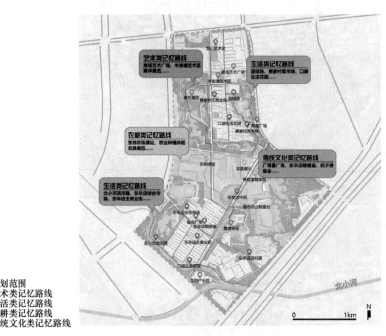

图 8-18　费家村、东辛店村集体记忆系统规划图

8.4　本章小结

　　一直以来，城市边缘聚落的规划设计中都少有对既往的历史痕迹进行保留和延续的研究。本章对国内外集体记忆理论和案例进行研究分析和成果总结，以北京崔各庄费家村、东辛店村片区为例，对其集体记忆进行收集、分析和评价，运

用了包括空间、文化、行为要素三方面集体记忆要素的评价体系，最终筛选出对崔各庄费家村、东辛店村片区规划设计具有影响和意义的集体记忆要素。费家村商业街和东辛店村商业街等区域的空间集体记忆要素记忆程度高，但文化要素中北漂文化和艺术村文化占主导地位，显示了原住民与租住者在文化记忆上的差异，行为要素中，出租公寓和商贸行为的记忆程度较高，反映出居民的生计活动与社区发展紧密相关。为了平衡原住民与租住者的文化记忆，建议加强社区内传统文化的传承和推广活动，同时为当代文化提供展示平台。在空间规划中，应注重提升居民日常行为的便利性，如优化公共交通连接，改善步行和自行车出行环境，以及提供更多的商贸和休闲设施，以增强社区的活力和凝聚力。因此，提出延续原有空间形态、构建集体记忆系统、扩展记忆传播维度、优化居住空间品质四点规划设计策略，绘制规划设计方案。

　　本章通过新的视角研究城市边缘聚落的公共空间更新，更多地关注当地居民的感受，并通过对集体记忆要素的分析指导其更新与规划，是一次对城市边缘区聚落公共空间更新策略选择的积极探索。

第 9 章　总结与展望：再议乡土聚落及传统城镇空间意象

本章作为全书的总结与展望，旨在回顾核心发现和观点，并对未来的研究方向提出建议。主要包括：集体记忆在空间认知和价值传承中的重要性，基于当代中国乡土聚落和传统城镇的空间意象认知方法框架，文化因素在空间意象形成及变迁中的互动关系，对当代社会变迁中乡土聚落空间意象认知机制，以及相应的针对性保护与更新规划策略方法。此外，本章还对该领域未来亟待探索的研究方向进行了展望，以及如何更好地激发公众对乡土聚落保护的关注，以及传承和弘扬中华优秀传统文化的重要性。

9.1　总结与发现

乡土聚落和传统城镇是中华传统文化和国土景观多样性的重要载体，其空间集体记忆深刻烙印着地域的历史脉络、文化积淀与社会结构特征，构筑了人与土地、社区与环境的精神纽带。在全面实施乡村振兴战略的宏观蓝图下，探究集体记忆与空间意象的互动机制，对于深化乡土文化认知、强化乡村社群的身份认同感及激发内源性发展潜力，无疑具有重要的意义。

本书研究成果主要旨在回答如下问题：乡土聚落和传统城镇的空间意象是如何形成的？不同地域环境和社会经济条件下的特征差异是如何形成的？现代化冲击下如何应对和保护这些文化空间？

从这些问题出发，本书展现了一系列实地考察及研究的内容，主要包括：

（1）乡土聚落集体记忆空间意象的研究方法建构

从多学科视野，剖析"集体记忆"概念的起源、内涵的阐释及发展，以及其在社会和文化中的功能与价值，特别是在空间意象分析领域所展现的文化意义。在此基础上，本书构建了一个系统性的方法框架，通过分析乡土聚落的空间形态和文化因素，来探讨集体记忆与空间意象的形成、演变及其在社会变迁中的认知机制。这一框架不仅阐释了集体记忆的多维度内涵，还探讨了其在城乡规划、文化遗产保护等领域的应用潜力。

（2）典型乡土聚落的空间集体记忆特征解析

基于空间集体记忆视角的研究框架，本书选取了一批具有代表性的乡土聚落和传统城镇案例，剖析了这些乡土聚落集体记忆的空间形态、空间功能、空间符号和空间氛围等方面特征，揭示了这些乡土聚落的空间意象的内涵和特征，以及其与乡土文化、社会历史和自然环境的关联性。

（3）乡土聚落空间集体记忆的地域差异比较

基于多案例的实证调查分析，本书对比了京郊、云贵、鄂西等不同地域的乡土聚落集体记忆的空间意象异同，从空间形态、空间功能、空间符号和空间氛围四个维度，分析了不同地域的乡土聚落的空间意象的差异和共性，探讨了地域性因素（如气候、地形、民族信仰等）如何塑造聚落空间的多样性和复杂性，强调了环境与文化在空间记忆形成中的决定性作用。

（4）乡土聚落与传统城镇空间意象的时代变迁

在当代中国城乡格局和社会经济环境巨变的大背景下，本书考察了乡土聚落和传统城镇各类空间在形态、功能、符号和氛围上的演变轨迹，以及其背后的经济社会、政策导向等驱动因素，强调了空间记忆在城市更新与文化保护中的动态适应性与时代意义。

（5）研究引领的保护更新实践探索

基于一系列研究探索，本书选取亟待更新的传统城镇及城乡开放空间，剖析了在更新规划设计中基于集体记忆延续、重现的策略方法，为研究引领开展传统乡村与城镇的保护、更新和设计实践提供了创造源泉和实施层面的参考。

本书的主要研究发现包括以下三点：

（1）乡土聚落及传统城镇的空间集体记忆内涵丰富，研究价值亟待挖掘

集体记忆与空间意象之间存在着密切而复杂的相互影响、相互融合的关系。

基于乡土聚落空间的集体记忆，具有"可识别性"和"可意象性"，不仅是文化和历史的载体，更是空间认知和价值传承的核心。这样的记忆内容，作为漫长历史环境下社会文化底蕴的重要组成部分，以聚落的物质空间为媒介，通过代际相传和社会互动得以延续，并深植于每个人内心中，是人与土地、社区与环境的精神纽带。通过开展空间集体记忆的一系列研究，对于理解特定的空间环境与群体行为、文化传承和社会团结等方面的相互影响均具有重要意义。相关研究发现不仅能够更深入地发掘乡土聚落和传统城镇的特征与价值，也有助于感受其魅力和生命力。从而更好地理解和传承地方文化，促进文化的多样性和地方特色的保护，并为当地社区的发展和居民的生活带来诸多积极的影响。

（2）基于集体记忆空间意象的研究框架有助于乡土聚落研究的不断深化完善

通过引入社会心理学理论和依托实证研究不断完善建立的集体记忆空间意象研究框架，为乡土聚落及传统城镇的空间特征分析研究提供了一个前所未有的"以人为本"的新视角和新方法。这样的研究框架将传统的空间描述与心理及行为调查相结合，综合运用了实地测绘、文献资料和问卷访谈等途径获取的数据，从更丰富的维度揭示乡土聚落和传统城镇空间的使用特征，并展现不同人群、不同时代变革中空间意象的多元性、动态性和复杂性。

（3）基于集体记忆空间意象的研究有助于保护更新规划设计实践水准的提升

基于集体记忆空间意象的研究成果具备良好的空间可读性，在一系列保护更新规划实践的应用中，展现出对"普通人""日常空间"的高度关注，使传统空间要素及格局的延续更为丰满和立体，有助于整个规划设计过程更为精准、有效地实现各类生活性文化景观的整体、活态可持续更新，进而使保护更新规划设计中传统文化延续与社会经济发展的目标更为协调与融合。

9.2　规划及政策建议

在乡土聚落与传统城镇的保护与更新实践中，对"集体记忆的空间意象"的相关研究已成为推动规划设计创新的关键力量，其成果显著增强了保护工作的针对性、有效性和文化敏感度。具体体现在如下五个方面：

（1）强化参与式规划的情感根基：记忆导向的策略深化

通过细致入微的集体记忆空间意象研究，规划者能够准确捕捉到传统社区中那些承载深厚情感与历史价值的关键空间。这一过程超越了简单的物质空间识别，而是通过组织有序的工作坊、社区访谈等多元手段，深度挖掘各类居民的记忆故事，构建起一个由多代人记忆交织而成的立体情感地图。这种"记忆导向"的参与式规划，确保了保护与更新决策深深植根于社区的集体记忆之中，不仅保护了实体空间，也维系了社区的情感纽带和文化连续性。

（2）提升空间设计的灵活性与包容性：记忆与现代生活的融合

诸多研究充分揭示了集体记忆空间意象的动态性和时代性特性，可更为精准地为设计者提供既尊重和延续历史文脉、又融入现代生活功能需求的空间可能性，进而形成灵活、可变、承载多功能行为的设计策略。例如，通过对老建筑如祠堂、老仓库的多功能改造设计，既保留和展现其传统建造记忆和空间布局，又使之成为集文化展示、社区活动、旅游休闲等功能于一体的复合空间。这种设计策略的灵感直接来源于社区记忆的丰富细节，确保了改造后的空间既能引发共鸣，又具备实用性和时代感，实现了传统与现代生活的和谐共生。

（3）激活文化再生的多元创新途径：非物质遗产的创意转化

集体记忆的研究还为非物质文化遗产的保护与活化提供了新的视角和路径。通过解读记忆中的手工艺、节日庆典等，设计团队能够创造出如公共艺术装置、解说牌、手工技艺工坊、互动体验区等创新形式，将抽象的传统文化记忆转化为直观、可体验的公共空间元素。这一过程不仅使社区的文化景观更具有本土性特征，还通过创意设计激活了乡土文化的内在活力，为文化旅游和乡土社区的复兴注入了新鲜血液。

（4）彰显地域性的精细化保护更新策略：基于记忆的差异化规划

深入挖掘各地乡土聚落的集体记忆，揭示了空间意象背后所蕴含的地域文化特质和环境适应性。这些研究成果为制定地域差异化的保护更新策略提供了科学依据，使得规划设计策略更加注重地方特色，避免了"一刀切"的同质化改造。通过精细化策略，每个聚落的自然环境、社会结构和文化习俗都得到了恰当的尊重和表达，延续了乡土聚落的多样性和独特性。

（5）建构记忆传承的平台与跨学科合作机制：知识共享与社区共建

集体记忆的研究还促进了记忆传承平台的建设和跨学科合作网络的形成。这包括了基于记忆的数字档案馆、在线互动平台等，不仅为公众提供了学习和交流的渠道，也增强了社区内外对乡土文化保护的认识和支持。在研究和实践中涉及建筑师、规划师、风景园林师与社会学家、人类学家等的跨学科团队的组建和知识共享平台的搭建，更是汇聚了多领域智慧，为乡土聚落保护更新提供了综合性、前瞻性的解决方案，促进了全球视野下的文化交流与合作。

9.3　研究展望

在乡土聚落和传统城镇的集体记忆与空间意象研究领域，尚存诸多值得深入探索的广阔天地。展望未来，该领域的研究应着重聚焦以下五个关键方向：

（1）集体记忆的测量与评价方法

本书及当前研究多依赖于文献资料、实地调研和居民访谈等定性手段，量化指标和方法的应用相对有限，这导致了对空间集体记忆的分析往往带有一定的主观性和模糊性。因此，未来研究需致力于开发和运用更为科学和客观的集体记忆测量与评价方法。例如，借助心理测试、神经科学、大数据分析等先进手段，可以更为精准地揭示集体记忆的形成、存储、提取、传播等复杂过程，从而为集体记忆的理论构建和实践应用提供更为坚实和有效的支撑。

（2）不同类型和层次的空间意象的关系和互动

本书研究聚焦于从整体层面描述乡村与城镇的空间意象特征，但不同类型和层次的空间意象间的关系与互动尚未得到深入探讨。这些空间意象包括个人与集体空间意象、主流与边缘空间意象、地方与全球空间意象等，它们之间可能存在着复杂而多元的关系和互动，如冲突与协调、竞争与合作、融合与分化等。这些关系不仅影响着乡村与城镇空间意象的形成过程，还对其变迁与保护产生深远影响。因此，未来的研究应着重于揭示这些不同类型和层次空间意象间的复杂互动关系，从而为乡村与城镇空间意象的和谐共生提供更为全面、深入的理论指导和实践策略。

（3）空间意象与社会心理、行为、认同等因素的关联性

本书的研究主要关注了空间意象与集体记忆的关系和作用，尚未充分研究空

间意象与社会心理、行为、认同等因素之间的关联性。空间意象作为一种重要的文化符号和认知工具，不仅承载着丰富的历史文化信息，更深刻地影响和反映着居民的情感、态度、价值观、信念、偏好、选择、行动及参与等多个方面。同时，空间意象也与居民的身份认同、归属感、自尊、自豪及自信等心理层面紧密相连。这些社会心理、行为及认同因素在乡村与城镇空间意象的形成、变迁与保护过程中扮演着至关重要的角色。因此，未来的研究需进一步深入挖掘空间意象与社会心理、行为、认同等因素之间的内在联系，以便更全面、深入地理解乡村与城镇空间意象的形成机制、演变过程及其所蕴含的社会意义。

（4）空间意象的变迁机制和规律

本书的研究主要描述和分析了乡村与城镇空间意象的变迁过程和原因，对于空间意象的变迁机制和规律没有进行深入的探讨，如空间意象是如何随着社会历史的变迁而不断演变和变化的，空间意象的变迁有哪些内在的逻辑和外在的条件，空间意象的变迁有哪些普遍的模式和特殊的情形，空间意象的变迁有哪些预测的可能和干预的手段，这些空间意象的变迁机制和规律对于乡村与城镇空间意象的保护、更新和设计有着重要的指导作用。因此，未来研究应致力于揭示空间意象的变迁机制和规律，为乡村与城镇空间意象的适应和创新提供理论支撑和实践指导。

（5）空间意象的创造和重塑策略

本书的研究主要展示和评价了乡村与城镇空间意象的创造和重塑的实例和效果，对于空间意象的创造和重塑的策略尚需进行深入的探讨，包括：空间意象是如何通过人的创造和实践而不断产生和重塑的，空间意象的创造和重塑有哪些原则和方法，空间意象的创造和重塑有哪些目标和标准，空间意象的创造和重塑有哪些困难和挑战，这些空间意象的创造和重塑的策略对于乡村与城镇空间意象的保护、更新和设计有着重要的参考作用。因此，未来的研究需要深入研究和探讨空间意象的创造和重塑的策略，为乡村与城镇空间意象的创造性和实践性提供理论支持和实践指导。

附 录

附录1 “乡见”团队工作概览

乡村是中华传统文化的主要发源地。我国自然条件和文化传统的高度多样性，造就了不同地区各具特色的乡村景观。在千百年来人与自然和谐互动的农耕实践中，乡村景观营造孕育出特有的生产技术、生活方式、文化习俗和人居环境营造智慧。在乡村振兴的国家战略中，发掘和延续这样的传统智慧一直占据着重要的内容，也为设计类高校师生的专业实践提供了广阔的舞台（附图1-1、附图1-2）。

附图1-1 “乡见”团队部分合影

附图 1-2 "乡见"团队 LOGO

1. "乡见"之初心

长期以来，我国诸多传统村落保护工作在一定程度上沿袭了文物保护的思路，常依赖"专家评定"，通过发掘村落环境要素特征价值，制订相应的保护策略，这样往往难以充分认知和理解乡村自然和文化特征的地域差异性；而一些由政府主导的"保护"策略也与村民的现代化需求存在一定冲突。

北京林业大学"乡见"团队创建于 2016 年，主要致力于从"以人为本"的视角，关注当代传统乡村环境中"日常活动与集体记忆"的特征与传承。"乡见"团队通过深入驻村体验调查，一方面坚持科学理论的引领和严谨的研究范式，另一方面着重强调"脚踏实地获取第一手的发现"，尤其是充分感受不同地域习俗与文化，不断探索由高校师生引领、强化"村民主体"在乡村人居生态环境保护与更新全过程中的可持续路径（附图 1-3）。

附图 1-3 "乡见"团队海报

2. 过程"四部曲"

通过多年的探索总结,"乡见"实践团的工作主要可概括为四个环节:

(1)乡村特征"精细化"描述

在特色鲜明、保护与更新并重的传统村落,一方面依托遥感识别、无人机倾斜摄影还原等先进技术,另一方面开展大量入户访谈、构建村民、游客等不同社群的日常活动日志和心理意象地图,用科学方法建立现实中和原住民心目中乡村景观特征的关联,并通过剖析不同社群间"空间集体记忆"的差异,精准发现在保持传统风貌前提下适于承载乡村设施提升的潜力空间(附图1-4、附图1-5)。

附图 1-4　在云南开展哈尼梯田传统聚落考察

(2)公共空间"参与式"设计

在政府扶助力度显著、公共环境提升需求强烈的村庄,组织村民共建工作坊,主要针对庭院、凉棚、墙面等半公共空间场所,聆听村民需求,共同讨论,形成

附图 1-5　对村民、游客和乡村创业者开展访谈和视频采访

"量身定制"的更新设计方案，确保实现升级旅游接待、存放生产用具、环境风貌协调、展现业主个性等多方面目标的兼顾（附图 1-6）。

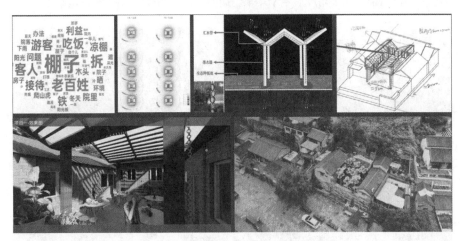

附图 1-6　北京爨底下村庭院凉棚参与式设计

（3）环境提升"绿色化"实施

　　在条件成熟的村落，团队师生和村民一起动手，自力更生，利用本土易得、废弃材料，与村民共同完成低成本环境更新营造，并通过互动游戏等方式，向村

民尤其是留守儿童推广垃圾分类、绿化维护等理念和技能（附图1-7）。

附图1-7　在湖南湘西州保靖县甘溪村开展参与式庭院绿色营造

（4）传统智慧"多维度"推广

在更为偏远、交通条件差、信息更为闭塞但传统格局保存更为完整的村落，主要通过传统乡村印象文创产品、微电影制作、网络直播、举办主题展览等方式，以生动、艺术化的形式多渠道向公众和专业人士传播和展示更多尚待发掘的传统人居智慧的价值，从多角度展示千年来坚韧的聚落文明底色（附图1-8）。

附图1-8　在云南哈尼梯田传统聚落考察村民生活与参与式旅游

3. 收获"回头看"

（1）拓宽专业视野

实践中坚持"山水林田湖草沙"全要素统筹的宏观视野，不仅关注传统建筑、公共设施，也包含山形水势、林田植被、文化场所等，确保乡村实施策略中自然环境和传统风貌保护与修复兼顾，物质与非物质要素传承并重。

（2）强化理论指引

主要基于理论层面"集体记忆"中"社会心理、空间意象"要素的逻辑关联，以及"发掘事实、分析动因、提出策略、回顾反馈"的循证式工作方法，确保研究、设计、实施、维护全过程各环节紧密衔接，以此强化乡村环境营造中设计、实施与使用者的"共同愿景"。

（3）构建"共育"机制

在工作不断积累、升级中，逐步实现了高校师生团队从"局外观察"到"身体力行"再到"引领传播"、村民从"好奇看"到"一起做"再到"主动想"两个进程的双向深化，实现"从聚拢'乡见'热心人到培育乡建人才库"的设计赋能乡村振兴特色支撑路径。

4. "乡见"向未来

多年来，"乡见"团队持续赴全国各地特色传统村落开展专业实践，造访对象既包括特大城市周边（北京门头沟、房山等），也包括较为偏远的西南少数民族聚居地区（贵州镇宁、云南元阳、重庆酉阳、广西龙胜等），共计10个省区市近30个村。上百名研究生、本科生基于传统村落调查中的测绘、访谈、文献查阅等方法，"沉浸式"地深入了解当代广大乡村人居生态环境的实际状况，发掘乡村振兴中的现实需求，体验了与村民共同工作的过程并获取的多元化的丰硕成果（附图1-9）。

北京林业大学"乡见"团队先后与清华大学、湖南大学、重庆交通大学、西南大学、西南民族大学、昆明理工大学、云南师范大学、湖南农业大学、安康学院等各地高校师生紧密合作，连续多年协助组织西南聚落研讨会（西南聚落研究网络年会）、牵头组织"溯心——大学生传统村落调研线上交流会"、举办北京国际设计周主题展览、举办学术沙龙"乡践与乡见——人类学视野下乡村聚落研究的多元途径"、参与中国西南乡村可持续发展研究联盟国际研讨会、乡村复兴论坛·松阳峰会并受邀进行交流发言和成果展示（附图 1-10）。

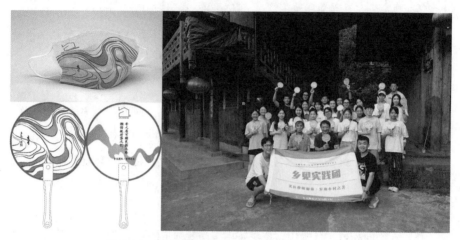

附图 1-9　源自传统聚落肌理的系列乡村文创生活用品

附图 1-10　在北京国际设计周两次举办主题展览

　　至 2024 年，"乡见"团队已累计完成乡村公共环境参与式设计 10 余项，其中湖南保靖甘溪村滕家庭院、辽宁本溪连山关火车站前广场绿色更新、高台村"疗愈花园"均已建成使用，北京爨底下村庭院凉棚、广西龙脊书屋建设正在推进中。持续地开展垃圾分类、绿植养护互动科普活动 30 余场，参与村民累计 1000 多人次（附图 1-11）。

附图 1-11　重庆酉水河流域传统村落微电影

　　展望未来，中国广大乡村地区正持续发生深刻的蜕变，高校引领的"设计赋能"已成为一条不可忽视的乡村振兴成功路径。与此同时，我们中国高校的规划设计学科发展也由此受益良多，"乡见"团队与诸多同仁一道，立足乡村广阔天地，建立起基于"中国故事"的乡村设计理论和人才培养体系，实现了新时代乡村振兴战略中的"知行合一"。

附录 2 "乡见"团队工作实录

2016 年 ────────────────────────────

7 月　贵州，镇宁　　　　　　　　　　　　　**参加首届西南聚落研究青年学者论坛**

　　"2016 西南聚落研究青年学者论坛"在贵州省镇宁县环翠街道高荡村召开。团队成员与来自全国各地的与会嘉宾分享了各自在领域内的研究成果，并对于如何保护西南乡土聚落进行讨论交流（附图 2-1）。

　　会后，与会人员一同参观了千年布依古寨高荡村。村庄风景秀丽，鸟语花香，村民安居乐业，一片祥和，村庄内保存了极富民族特色的民居、寨门、古堡等。依托地方资源、地域文化和民族元素，高荡村在保护中进行发展，在发展中得到更好的保护。

附图 2-1　首届西南聚落研究青年学者论坛合影

2017 年

5 月   四川，理县   **参加"第二届西南聚落研究青年学者论坛"**

"第二届西南聚落研究青年学者论坛"在四川省理县桃坪羌寨召开，由西南民族大学城市规划与建筑学院主办，理县人民政府、四川大学建筑与环境学院与四川省土木建筑学会世界遗产工作委员会协办。团队成员全程参与本次会议，并在会议上发言，对近期研究热点开展讨论（附图 2-2）。

附图 2-2   第二届西南聚落研究青年学者论坛合影

7 月   北京，门头沟   **开展爨底下村、灵水村空间集体记忆调研**

前往北京市门头沟区爨底下村、灵水村中进行实地踏勘，开展半结构式访谈，绘制乡村集体记忆地图，充分了解当地居民的生活状况以及诉求（附图 2-3）。

附图 2-3   "乡见"团队成员对当地居民进行访谈

7月　贵州，镇宁　　　　　　　开展高荡村、鲍屯村空间集体记忆调研

前往贵州省高荡村、鲍屯村进行实地调研，邀请村民们画认知地图、识别照片。对村子的业态进行了详细的统计。联系当地的村委会，在村委会的帮助下，深刻认识了村子的旅游开发状况、文化、建筑等方面的内容。高荡村村委会主任带领成员前往了高荡村展览馆，介绍高荡村的起源，布依族的民俗，当地的农耕文化（附图 2-4）。

附图 2-4　"乡见"团队在贵州镇宁开展调研

2018 年

3月　线上　　　　　　组织"溯心"——大学生传统村落调研线上交流会

团队主办并参加"溯心"——大学生传统村落调研线上交流会，邀请 6 所高校团队参与，并以"乡土村落空间集体记忆研究——以京西、黔中四村为例"为主题进行汇报。探讨传统聚落居民的集体记忆及其成因，并对集体记忆产生差异的影响因素及影响机制进行探讨，为传统聚落的可持续发展提供数据资料和理论依据（附图 2-5）。

附图 2-5　"乡见"团队于线上组织"溯心"交流会

5月　湖南，隆回　　　　　　　　　　参加第三届西南聚落研究青年学者论坛

前往湖南大学和虎形山镇崇木凼村，参加第三届西南聚落研究青年学者论坛。团队成员代表以《传统聚落村民集体记忆的特征及影响机制研究——以京西、黔中四村为例》为题，在会上分享了团队一年来的研究成果（附图 2-6）。

附图 2-6　第三届西南聚落研究青年学者论坛合影

7月　广西，龙胜　　　　　　　　　　开展龙脊古壮寨空间集体记忆调研

前往广西壮族自治区桂林市龙脊古壮寨，开展为期十天的实地调研，在当地进行实地田野调查和村民半结构式访谈，对当地特色风貌和人文景观进行拍摄。

在后期进行微信推送、书籍编辑、书稿整理、文创产品设计、海报宣传片设计、资料整理、手绘、视频制作等内容，将成果总结汇总（附图 2-7）。

附图 2-7 "乡见"团队成员与村民展开座谈

9 月　北京，东城　　　　　　　　主办"乡见"北京国际设计周主题展览

团队主办的"乡见"北京国际设计周展览在北京市东城区前门街道颜料会馆开展。照片故事展览讲述了团队两年间走访传统聚落的见闻，纪录片通过镜头展示了不一样的乡村生活，数据分析整合直观科学，其中更有富有趣味性的互动小游戏，倾听心中的"乡见"。鲜明而富有趣味地展示传统村落的风貌，传达了对传统乡村聚落的保留保护、珍惜的观念（附图 2-8）。

附图 2-8 "乡见"团队在北京东城区主办"乡见"北京国际设计周主题展览

2019 年

4 月　云南，元阳　　　　　　　　　　　**参加第四届西南聚落研究青年学者论坛**

第四届西南聚落研究青年学者论坛在昆明理工大学和元阳县阿者科村召开，团队成员及指导教师全程参会，并在主题报告和沙龙阶段分享了团队的学术探索成果（附图 2-9）。

附图 2-9　第四届西南聚落研究青年学者论坛合影

7 月　云南，元阳　　　　　　　　　　　**开展阿者科村公共空间调研**

前往云南省元阳县阿者科村，以"日常生活视角下传统聚落公共空间评价——以云南阿者科为例"为题，开展村民公共空间行为特征、社区参与式旅游发展等方面的调查，并探讨可持续发展路径（附图 2-10）。

附图 2-10　"乡见"团队在云南元阳开展调研

7月　广西，龙胜　　　　　　　　　**开展花海梯田调研及景观建筑设计**

前往广西壮族自治区龙胜县龙脊梯田，开展村民访谈、场地调研、当地建筑分析、建筑设计等多项工作，并在对乡土聚落进行持续性调研之后，为村寨"量身定做"，完成在花海梯田当中观景台建筑设计（附图2-11）。

附图2-11　"乡见"团队成员进行入户访谈

2020 年 ——————————————————

7月　湖南，长沙　　　　　　　　　**开展春华山村住宅形态演变调研**

前往湖南省长沙县春华山村，开展为期7天的调研。具体内容包括与村民进行半结构式访谈，了解村民的家庭生活状况，以及对住宅的使用情况、使用感受和建设动机；对村民住宅的基本信息进行采集，并通过摄影记录现状；参观村民住宅，绘制了一系列村民住宅平面形态图（附图2-12）。

附图2-12　"乡见"团队成员在春华山村合影

9 月　北京，西城　　　　　　举办北京国际设计周"城市的前言"主题展览

团队在 2020 年北京国际设计周"白塔寺再生计划——暖城行动"举办"城市的前言"主题展览（附图 2-13）。

主题展览以乡土聚落为研究对象，研究其对公共空间与住宅建筑的自发性建造与使用，探索总结乡土聚落中的营建智慧，并将研究成果向公众展出。通过展览、沙龙、参与式游戏、纪录片等吸引更多群众关注城市公共空间与住宅，为保护城市与乡村的乡土性与地域性做出努力，也望对以人为本的城市营建有所启示与借鉴意义。

附图 2-13　"乡见"团队在北京西城区举办北京国际设计周主题展览

10 月　广西，龙脊　　　　　　　　参加 2020 西南聚落学术研讨会

本次会议继续聚焦中国西南地区，共同研究和探讨山地民族聚落空间形态和文化机制的可持续发展。团队成员以"哈尼族苦扎扎节祭祀空间"和"日常生活视角下传统聚落公共空间评价——以云南省阿者科为例"为题，汇报了近期研究成果（附图 2-14）。

附图2-14　2020西南聚落学术研讨会合影

11月　北京，昌平　　　　　　　　　　　　**开展康陵村住宅形态演变调研**

前往北京市昌平区十三陵镇康陵村进行调研。本次调研在长沙县春华山村调研的基础上，"乡见"团队选取了村庄的行政面积相似、所处位置都"邻近"城市边缘、经济较为发达且程度相似的村庄——北京市昌平区十三陵镇康陵村作对比研究，并开展深入村落的调研（附图2-15）。

附图2-15　北京昌平区十三陵镇康陵村

2021 年 ────────────────────────────

5 月　浙江，松阳　　　　　　　　受邀参加第 12 届乡村复兴论坛·松阳峰会

团队受邀参加乡村复兴论坛松阳峰会，走进"最后的江南秘境"浙江松阳，深度探讨和体验乡村振兴的"松阳路径"，在内部交流环节分享了近年来"乡见"团队的工作路径和经验总结（附图 2-16）。

附图 2-16　"乡见"团队受邀参加第 12 届乡村复兴论坛

6–11 月　北京，门头沟　　开展北京市门头沟区爨底下村庭院凉棚建造意愿调研

赴爨底下村进行了为期 5 天的实地调研。在对传统聚落进行测绘的同时，团队成员对村民进行访谈，与爨底下村的责任规划师和政府相关部门进一步地沟通协商，着重调查和统计爨底下村的凉棚自建活动，深入了解村民意愿，提出了针对爨底下村凉棚设计策略，并不断深化完成两个代表性凉棚设计方案。该方案被列入乡村振兴"储备建设项目"（附图 2-17）。

附图 2-17 "乡见"团队凉棚设计方案效果图

2022 年 ————————————————————————

2 月 云南，元阳   开展哈尼族聚落"社区参与式"旅游发展调研

前往云南省元阳县乡村，深入传统聚落，在乡村振兴战略背景下，以乡村不同的发展模式为切入点来研究哈尼族传统景观聚落的差异性，以找出哈尼族传统聚落景观的发展模式、保护原则及措施、营造方式，为更合理地保护哈尼族传统聚落景观提供参考（附图 2-18）。

附图 2-18 "乡见"团队在云南元阳开展调研

7月 重庆，酉阳　　　　开展酉水河聚落景观格局调研和绿色科普志愿服务

前往重庆市酉阳县，基于集体记忆理论与景观基因理论开展的探索"学研创"模式的暑期实践活动，以乡村的集体记忆与文化景观特征为切入点来研究土家族与苗族传统景观聚落的差异性，找出土家族与苗族传统聚落景观的发展模式、保护原则及措施、营造方式，与此同时尝试对传统聚落的公共空间进行设计与改造，为更合理地保护土家族、苗族的传统聚落景观提供参考（附图2-19）。

附图2-19 "乡见"团队在重庆酉阳进行调研

7月 广西，龙胜　　　　开展龙脊梯田地区传统聚落山地适应性调研

前往广西壮族自治区龙脊地区，通过实地调研分析少数民族聚落的生产生活特征，挖掘山地聚落生产、生活方式中的生态智慧和山地聚落的生态适应性，探究"山、林、村、田、水"空间格局的成因。旨在探讨传统聚落与生态环境的相互作用，为人居环境的可持续发展提供数据资料和案例参考，并利用"互联网＋"新媒体推广，展现传统聚落之美，扩大乡村影响力（附图2-20）。

附图 2-20　"乡见"团队在广西龙胜开展调研

8 月　陕西，留坝　　参加首届农村人居环境（留坝）公共空间创意设计大赛

前往参加首届农村人居环境（留坝）公共空间创意设计大赛，以农村人居环境、公共空间为支点，重新挖掘空间的生活价值，设计赋能人居环境。团队设计成果最终获得优秀奖（附图 2-21）。

附图 2-21　"乡见"团队参加首届农村人居环境（留坝）公共空间创意设计大赛

2023 年

1 月　重庆，酉阳　　　　　开展传统村落公共空间场所依恋与行为特征调研

前往重庆市酉阳县考察，收集并了解古地图、地方规划等，了解并分析河湾村与石泉苗寨的村落规模变化，建筑年份分布等情况；走访调研，收集社群主体口述历史，积累资料，总结传统聚落智慧营造的特征与规律；从传统乡土聚落集体记忆与文化景观特征出发，挖掘既能传承文化又符合未来乡村发展的范本（附图 2-22）。

附图 2-22　"乡见"团队成员在重庆酉阳走访

7 月　贵州，镇宁　　　　　　　　　　　　参加 2023 西南聚落研讨会

前往贵州省安顺市镇宁县高荡村，参加 2023 西南聚落研讨会暨西南聚落研究网络第六届年会，团队成员以"西南聚落的营建规律与适应性智慧"为题，汇报了近期研究成果。会议间歇，与会人员集体参观了保存良好的高荡布依传统村寨（附图 2-23）。

附图 2-23　"乡见"团队参加 2023 西南聚落研讨会

7月　重庆，巴南 / 江津　　　　　　　　开展乡村生态环境价值转化模式调研

赴重庆市巴南区集体村和江津区四面山镇，以"由生态概念出发，比较村落与城镇绿色价值转化"为主题开展调研。主要进行乡村特征"精细化"描述，住区空间"调查式"设计，住区内人类活动规划与绿色融合（附图2-24）。

附图 2-24　"乡见"团队在重庆巴南、江津进行问卷调查

7月　湖南，保靖　　　　　　开展"乡耘行动"甘溪村庭院参与式绿色营造实践

前往湘西甘溪村，从传统人居环境生态智慧和传统聚落保护的角度，收集乡村点滴故事，通过开展入户访谈、参与当地节事活动等方式，建立人与传统村落和周边环境的联系。进行公共空间"参与式"设计，实施微空间美化工程、庭院再更新与设计，发展甘溪村庭院经济，持续推动和美乡村建设。开展志愿活动，设计与制作垃圾分类标识，完善绿色产业体系，带动可持续发展研究。在完成调研的同时，通过创立品牌IP、设计文创产品和农产品包装等方式，实现甘溪村品牌IP的制作与推广（附图2-25）。

附图 2-25　"乡见"团队在湖南保靖进行庭院改造

8月　陕西，平利　　　　　　　　　开展古树名木保护及人居环境提升调研交流

前往陕西省安康市，考察平利县的传统村落，为当地申报人居环境奖提供一份建议报告。制作一份环境提升规划建议书；对市区内的古树名木进行健康监测并协助进行文创产品设计、景观节点空间规划、古树名木伴手礼包装优化及创意提升策略，最后形成一份《主城区范围内古树名木调查与保护规划建议》，并为安康市住建局门口的一块空地设计一套经济实惠的建设方案（附图 2-26）。

附图 2-26　"乡见"团队在陕西平利开展调研交流

9月　北京，朝阳　　　　　　　　　参加北京国际设计周"行动设计"主题展览

团队在湘西甘溪村实地进行的废弃庭院绿色更新建造项目在本次展览上展出。钱云老师作为设计周沙龙召集人和分享者参与了北京国际设计周沙龙，并以口述、文字、图像、模型等不同形式，展示关于城市（与乡村）更新的成果与构想（附图 2-27）。

附图 2-27　"乡见"团队参加北京国际设计周主题展览

附录3 "乡见"团队工作感悟

　　人间四月芳菲尽，山中的梨花却会在晚春停留。数株百年老树点缀于层层梯田之间，一树一片雪，干净纯粹。1928年撰写的《房山县志》（卷五　实业）中有载"田地分为高田、平田、窪田、水田"，其中大滩村所在的三流水便是高田（附图3-1）。

　　……

　　"盛世无饥馁，何须耕织忙。"梨花开遍的四月还未到农忙时节，梯田保持着原本的土色，村民家中的农具干净古朴，还未来得及沾染泥土的气息。村里的老人们与世无争、怡然自得，静静体会着这山中的春色，同时又悄悄期盼着秋天的收获。

　　……

　　梯田、古树、梨花、老屋共同构成了大滩村村民的生活空间，安静美好又富有诗意。然而，村中生活的老人多已年过半百，大滩村的梯田耕种、古树养护、老屋建造传承都将难以延续。

　　——白雪悦，韦诗誉《城西霞岭春意暖，又是滩村梨花香》刊载于《人类居住》

附图3-1　霞云岭大滩村

　　沿着一湾浅浅的浔江（上游也称桑江），靠招呼停车的乡村巴士到站泗水周家。偶有车辆驶过的过境公路两侧，村委会、小商店、小餐馆安静地充当着大门，守护着身后隐居在梯田云雾中的周家村寨。整个村分为了四个寨子，李家、岩洲、毛寨由低向高坐落于青山，眺望着人间；白面寨则更神秘地隐匿在了山的另一头，望不见踪影（附图 3-2）。

附图 3-2　周家村寨

　　多云天，山黛间雾霭缭绕，深棕色的古寨若隐若现。踏上缆车，一探究竟，斜缆穿行在缭袅间，花一刻钟可将人送至海拔最高的毛寨。缆车是为游人所建，村民平时难得一用，他们通常走梯田上山的小路，或是驱车沿着窄窄的盘山公路回到村中。

　　青山绵延，蜿蜒曲折的梯田中云雾氤氲，朦胧的水雾笼罩着这片绿色的田野，安详而静谧。水雾散去，太阳从山间缓缓升起，照亮了古老的村寨，周家村的一天要开始了。

　　旅游业的发展使村民们从无尽的稻谷耕植中解脱，家中只有少许农田或无花果林需要打理。在炎热的日头里，村民大都喜欢待在家中的窗边乘凉；有时会约上三五好友，围坐一起打牌，闲谈生活琐事。古寨的生活仿佛被按下了"慢速"键，慵懒而惬意（附图 3-3）。

附图 3-3　布尼梯田景区

大山孕育了山泉，山泉也灌溉了农田，养活了世世代代的周家村人，在沧海桑田的变换中，默默守护着寨子。山泉潺潺淙淙，流经毛寨之时却变得汹涌，飞流直下，诞生了波澜壮阔的加乌瀑布。瀑布在山间穿林击石，为默默无言的人间烟火增添了一道自然放纵的声响。

　　——朱津禹，陈心妍，韦诗誉《浮水行处青山缆，花间瑶舍话农桑》刊载于《人类居住》

　　作为一个古朴的小村落，阿者科村至今不通公路，一条青石路将村头的寨神林与村尾的磨秋场相连。初入阿者科村已是落日时分，天空中的云霞在金光的辉映下晕染成一幅油画。炊烟悠然，袅袅飘荡在蘑菇屋上方，群山宁静悠远，云上生活此刻伊始（附图 3-4）。

　　晨光熹微，簇簇云雾缠绕着群山慢慢升腾，一切都沉浸在氤氲水汽中。不一会儿，云雾渐浓，顷刻间群山便被云海吞没，一切都变得灰茫茫。站在山间，伸手触摸这似有若无的云雾，眨一眨眼，睫毛已被浓浓的雾气打湿，身体变得轻飘飘的，仿佛亲临蓬莱仙境。

　　……

　　从生到死，哈尼族可谓率真坦然。他们对神灵与自然持有敬畏，也有对美好愿景的寄托。咪咕和摩批守的是村寨安宁兴盛，传的是百年文化史迹。梯上云海，山里人间，淅沥雨声中，他们垂首默然，缠绕心间的是族中的前番今时。垂垂老矣之日，愿守有所得，终有传人承古守今。

……

阿者科村村民的生活简单而质朴，层层梯田间、村角古树下，三尺晒台前演绎着生活日常，承袭着千百年来的习惯。我们也有所担忧，随着时代的行进，这一大山深处的传统村落能否活力依旧？老一辈的文化是否有下一辈来真正传承？公共空间的评价并非流于表面，更蕴含着公共空间生命力的核心。我们希望以所学所知、以赤诚之心为传统聚落的发展提供力所能及的帮助，守护大山深处的乡愁。

——戴钰欣，何黛娜，张琪，黄思梦，韦诗誉《哀牢山里人间事，且邀青山话桑麻》刊载于《人类居住》

附图 3-4　阿者科村

甘溪为久居钢筋水泥城市框架中的我们描绘了一幅水绿山青、自然生长的梦境。记忆最深的便是那依偎山间蜿蜒流淌的甘溪，葱郁山野因水的滋润而连绵起伏，潺潺溪水因山的呵护而清澈透明。山解水意，水伴山行。还有青翠竹林随风浅笑，田野稻穗闻风起舞，夏蝉虫鸣伴风奏乐，天上云间依风绽放……梦醒感慨，回味无穷（附图 3-5）。

……

甘溪的村民携手他们的家园和希望，永远守望着这片精神故土，并将这份希望传递给每位来到这里的人们，源远流长，生生不息。打动我们的不仅有乡土精神的发扬创新、传统文化的传承发扬、待人待客的友好热情，更有村民对生命家园的热爱。乡土文化和现代生活的不断碰撞交融为甘溪村孕育出了新的生命。

……

甘溪生活成就了灼灼烈日下的难忘旅程，任务圆满完成，记忆扎根心底。在这里，我们学会了放慢脚步，拥抱自然，享受生活。旅途虽然短暂，但无数的瞬间都值得我们用心铭记，或许是每一处晒黑的皮肤，是每一张照片，是每一段故事，是每一个熟知的新的名字，是每一庭院花坛中争先绽放的鲜活的生命。

漫步甘溪，领略自然韵味，珍爱文化的瑰宝。

——"乡见"团队湘西支队《践闻录 | "乡见"2023 湘西支队——乡聚甘溪焕发新气》

附图 3-5　甘溪村

　　七天的实践我们穿梭于村庄间，阅过山间风景，品味风土人情。初入村庄采访调研，内心也紧张无措，而消融这些的是第一户的兄妹。与很多害羞的孩子相反，这对兄妹主动和我们聊天，对我们的测量仪器充满好奇，拉着我们参观家里，骄傲地给我们讲述墙上的奖状，甚至在我们离开时邀请我们下次去他们的玩具泳池游泳。他们活泼可爱，开朗热情，将这个年纪最纯真无邪的一面展现在我们面前。

　　……

　　在七月末，放下一切去往长沙的春华山村开始一次单纯丰富的实践之行。旅馆—车站—山村，三点一线的路程再熟悉不过，开头感到新奇，中途疲惫，末尾不舍。第一次尝试去深入一个村落，是体验、是感受、也是学习。接过村民递来的西瓜第一口咬下时的舒爽、夜晚透过铁丝网看到远处温馨的灯光、孩子们天真的眼眸都记忆犹新，那几日闪着金光的回忆都将被永远珍藏（附图3-6）。

——蒋敏璇，刘一玮《春华人家——记录感动与温暖的瞬间》

附图3-6　春华山村

附录 4 "乡见"团队成员名录及致谢

2016—2017 年

指导教师：钱云

团队成员：彭潇，魏敏，杨若凡，钱蕾西，王晓春，李诗尧，岳漪澜，周晓津，冯子桐，张茜，张思达，郭伟，李明轩，梅语桐，顾骧，严锐，黄思梦，吴岸睿，汪娜，韩莹，高亚楠，杨益梅，王杉，童琳，丁俊方

特别致谢：周政旭（清华大学），封基铖（安顺市建筑设计研究院）

2018 年

指导教师：钱云，韦诗誉

团队成员：王任嘉，单之然，高亚楠，赵鹤鸣，潘郡伦，黄思梦，梁南，薛宇泽，陈心妍，朱津禹，魏伊宁，郭雨琪，冯子桐，刘颖

2019 年云南支队

指导教师：钱云，郦大方，白雪悦

团队成员：戴钰欣，黄思梦，张琪，何黛娜，张驰，马燕涵，张娜，汪思琪，彭安琪，赵玉，孔维新，王淇钰，骆柯虹，夏浚博，陈雨彤，潘悦

特别致谢：程海帆（昆明理工大学），胡荣（昆明理工大学），杨宇亮（云南师范大学）

2019 年广西支队

指导教师：韦诗誉，钱云

团队成员：杨若凡，赵幸子（西南大学），陈心妍，朱津禹，梁南，何昊，杨

浩东，卢雅馨，莫毅艳，朱绍才，杨玉成，唐中慧

2020 年

指导教师：段威，钱云

线下成员：陈心妍，朱津禹，赵书涵，王淇钰，孔维新，高凡清（云南师范大学），袁紫琪，蒋敏璇，周佳怡，刘一玮，蔡知渊，陈竹

线上成员：计玮，高嘉阳，谭铃千，岳星，陈紫阳，付博闻，吕博妍，张佳艺，李心如，乔心远，邹畅

特别致谢：卢健松（湖南大学）

2021 年北京支队

指导教师：钱云，韦诗誉（清华大学），白雪悦

团队成员：张妍，邓玲艺，王纾珺，刘雅妮，程颖莹，汤梅艳，虞梦莹，张乙沫，周子榆，刘彦汝，颉若晴，段玺腾，冯坤，侯书铮，王元康，张曦，蔡知渊

特别致谢：覃江义（清华大学建筑设计研究院）

2021 年云南支队

指导教师：钱云，郦大方，白雪悦

线下成员：蒋敏璇，李超逸，贾铭然，计玮，刘一玮，孙海懿，董策，王今，李子睿，肖罗玉莹（云南师范大学），张怡朵，王泺然，郗家禾，刘一峰

线上成员：刘亚兰，施以，夏蕴溪，许恩淼

特别致谢：程海帆（昆明理工大学），胡荣（昆明理工大学），杨宇亮（云南师范大学）

2022 年重庆支队

指导教师：钱云，温泉（重庆交通大学）

团队成员：刘一峰，向萱，许园婧（重庆交通大学），付云轩，孙蔚婕，徐可欣，明玥，屈玉焰（重庆交通大学），孙丹丹，卢俊琪，胡佳艺，陈诺，卢杨，

庄秦，许益恺，张丹蕾，曾伊健，袁艺菲，李子航，朱虹谕，蒙睿，施华津，黄欣麒

特别致谢：孙松林（西南大学），刘加维（中国城市规划设计研究院西部分院）

2022 年云南支队

指导教师：钱云，郦大方，白雪悦

线下成员：蒋敏璇，计玮，向萱，姜宇辰（北京城市学院），许园婧（重庆交通大学），郗家禾，刘一峰，郭丁菊，于思静，李子航，鲍文慧，朱旭浩，廖常左，杨洁昕，胡泊（中国传媒大学），肖罗玉莹（云南师范大学）

线上成员：李超逸，贾铭然，刘一玮，施以，康成君，李圣洁

特别致谢：程海帆（昆明理工大学），胡荣（昆明理工大学），杨宇亮（云南师范大学），杨虹霓（中山大学）

2022 年广西支队

指导教师：李鑫，钱云

线下成员：周佳怡，王雅芃，赵书捷，苏泉，何学婧，黄珮雯，杜姜依，徐凡茵，关淇匀，周美

线上成员：陈睿儿，黄思颖，孙奇域，徐诺，张力中，梁笑瑗，高悦嘉

2023 年湖南支队

指导教师：钱云，文斌（湖南农业大学）

团队成员：刘恩言，黄欣麒，王奕萱，刘汉卿，陈宇田，蒙睿，李子航，陈成，陈菁钰，陈胤豪，郭果欣，李进鑫，李曦，彭莫童，王雨晨，周宇新

特别致谢：袁紫琪（中共湖南省委组织部）

2023 年重庆支队

指导教师：钱云，丛慧芳（重庆交通大学）

团队成员：李子航，罗丹羽萱，陈年念，郭星佚，罗瑜杭，冯丹阳，马晓冉，

唐义林，马贝贝，李进鑫，杨烜睿，陈亭羽，杜知渔，宋知幸

特别致谢：周鹏（重庆市巴南区）

2023 年陕西支队

指导教师：张英杰，钱云，段展展（安康学院），韩露露（安康学院），张心愿（安康学院）

团队成员：滕昭洋，吴乐源，李建新，孙浩哲，徐溦，李梦莹，闵小倩，赵振豪，绳一睿，庄欣怡，莫雨晴，项佳乐，李宇欣，白杨，武一可，张萌，张子涵，韩乐天，刘明化，王宗念，孟佳怡，王佳艺，柳余彦默

特别致谢：安康市住房和城乡建设局

2024 年北京支队

指导教师：钱云，孙兆昕

团队成员：张基政，鲍抒渲，李华，梁紫音，张东美，李骜，刁硕，刘宇晧，陈利蔓，郑煜博，吴岳含

特别致谢：林艳（羊台子村），闫琳（北京清华同衡规划设计研究院）

2024 年辽宁支队

指导教师：钱云，王秋实（沈阳建筑大学），姚璐，段威，于港

团队成员：王雨晨，郭果欣，张少杰，赵亚琪，王意如，赵钦博，孙琪媛，黄颉，裴自然，张羽，杨大珩，刘彬，朱锦辉，荣奕，李进鑫，戴维斯，邵白羽，梁志鹏（沈阳建筑大学），马瑞阳（沈阳建筑大学），王南（沈阳建筑大学），马雪（沈阳建筑大学），赵璇（沈阳建筑大学），于涵艺（沈阳建筑大学）

特别致谢：共青团本溪市委员会、中共本溪满族自治县连山关镇委员会

感谢所有从大学走入乡村、记录乡村、共同建造乡村的学者！

感谢所有在乡村建设中的奋斗者和营造者！

参考文献

［1］BRUNSKILL，R. W.（2000）［1971］An Illustrated Handbook of Vernacular Architecture（4rh ed）. London：Faber and Faber.

［2］OLIVER，P.（2003）Dwellings：The Vernacular House Worldwide. London and New York：Phaidon Press.

［3］王路. 聚落的未来景象——传统聚落的经验与当代聚落规划［J］. 建筑学报，2000（11）：16-22.

［4］［日］藤井明. 聚落探访［M］. 宁晶，译，王昀，校. 北京：中国建筑工业出版社，2003.

［5］李东，许铁铖. 空间、制度、文化与历史叙述——新人文视野下传统聚落与民居建筑研究［J］. 建筑师，2005（3）：8-17.

［6］车震宇，翁时秀，王海涛. 近20年来我国聚落形态研究的回顾与展望［J］. 地域研究与开发，2009，28（4）：35-39.

［7］RAPOPORT. A.（1969）House Form and culture. Englewood Cliffs. N：Prentice Hull.

［8］SCHOENAUER，N.（2000）6000 Years of Housing. New York：Norton & Co.

［9］JENKINS，P.，SMITH，H.，& WANG，Y. P.（2006）. Planning and housing in the rapidly urbanising world. In Routledge eBooks.

［10］王澍. 皖南村镇巷道的内结构解析［J］. 建筑师，1989（28）：21.

［11］李晓峰. 适应与共生——传统聚落之生态发展［J］. 华中建筑，1998（2）：119-121.

［12］李梦雷，李晓峰. 社会学视域中的乡土建筑研究［J］. 华中建筑，2003（4）：

50-51.

[13] 洪汉宁，李晓峰.传播学视域里的乡土建筑研究［J］.华中建筑，2003（5）：38-39.

[14] 金涛，张小林，金飚.中国传统农村聚落营造思想浅析［J］.人文地理，2002（5）：45-48.

[15] 王娟，王军.中国古代农耕社会村落选址及其风水景观模式［J］.西安建筑科技大学学报（社会科学版），2005（3）：17-21.

[16] 陆元鼎.岭南人文·性格·建筑［M］.北京：中国建筑工业出版社，2015.

[17] 余英，陆元鼎.东南传统聚落研究——人类聚落学的架构［J］.华中建筑，1996（4）：48-53.

[18] 陆林，凌善金，焦华富，等.徽州古村落的演化过程及其机理［J］.地理研究，2004（5）：686-694.

[19] 王浩锋.社会功能和空间的动态关系与徽州传统村落的形态演变［J］.建筑师，2008（2）：23-30.

[20] 汤国安，赵牡丹.基于 GIS 的乡村聚落空间分布规律研究——以陕北榆林地区为例［J］.经济地理，2000（5）：1-4.

[21] 管驰明，陈干，贾玉连.乡村聚落群结构分形性特征研究——以浙江省平湖县为例［J］.地理学与国土研究，2001（2）：57-62.

[22] 于淼，李建东.基于 RS 和 GIS 的桓仁县乡村聚落景观格局分析［J］.测绘与空间地理信息，2005（5）：56-60.

[23] 陈志华.乡土中国：楠溪江中游的古村落［M］.北京：生活读书新知三联书店，1990.

[24] 刘克成，肖莉.乡镇形态结构演变的动力学原理［J］.西安冶金建筑学院学报，1994（5）：61-63.

[25] SCHIEDER T. The Role of Historical Consciousness in Political Action［J］. History & Theory, 1978, 17（4）: 1-18.

[26]［法］莫里斯·哈布瓦赫.论集体记忆［M］.毕然，郭金华，译.上海：上海人民出版社，2002.

［27］ROSSI A，GHIRARDO D，OCKMAN J，et al. The Architecture of the City ［M］. The MIT Press，1982.

［28］BELL D S A. Mythscapes：memory，mythology，and national identity ［J］. The British journal of sociology，2003，54（1）：63-81.

［29］LEWICKA M. Place attachment，place identity and place memory：Restoring the forgotten city past ［J］. Journal of environmental psychology，2008，28（3）：209-231.

［30］ARDAKANI M K，OLOONABADI S S A. Collective memory as an efficient agent in sustainable urban conservation ［J］. Procedia Engineering，2011，21：985-988.

［31］［美］保罗·康纳顿. 社会如何记忆 ［M］. 纳日碧力戈，译. 上海：上海人民出版社，2001.

［32］LOWENTHAL D. Past Time，Present Place：Landscape and Memory ［J］. Geographical Review，1975（1）：1-36.

［33］NORA P. Between memory and history：Les lieux de mémoire ［J］. representations，1989，26：7-24.

［34］JACOBS A J. Symbolic urban spaces and the political economy of local collective memory：a comparison of Hiroshima and Nagoya，Japan ［J］. Journal of Political & Military Sociology，2003：253-278.

［35］［英］大卫·哈维. 地理学中的解释 ［M］. 高泳源，刘立华，蔡运龙，译. 北京：商务印书馆，2017.

［36］GURLER E E，OZER B. The effects of public memorials on social memory and urban identity ［J］. Procedia-Social and Behavioral Sciences，2013，82：858-863.

［37］LYNCH K. The Image of the City ［M］. Cambridge，MA：MIT Press，1960.

［38］王汉生，刘亚秋. 社会记忆及其建构一项关于知青集体记忆的研究 ［J］. 社会，2006（3）：46-68+206.

［39］杨宇亮，李菁，党安荣. 隐匿的世界：认知地图在村落文化景观研究中的应

用［J］.规划师，2015（2）：102-106.

［40］刘祎绯，李雄.基于城市景观图像学兴起的城市意象研究评述［J］.风景园林，2017（12）：28-35.

［41］TOLMAN E C. Cognitive map in rats and men［J］. Psychological review，1948（55）：189-208.

［42］李郇，许学强.广州市城市意象空间分析［J］.人文地理，1993（03）：27-35.

［43］顾朝林，宋国臣.北京城市意象空间调查与分析［J］.规划师，2001，17（2）：25-28.

［44］丘连峰，邹妮妮.城市风貌特色研究的系统内涵及实践——以三江城市风貌特色研究为例［J］.规划师，2009，25（12）：26-32.

［45］刘祎绯，傅玮，伍洋宇，等.北京东四片区历史街区的城市意象研究［J］.规划师，2016，32（s2）.

［46］林志强.广西传统聚落空间意象分析与启示［J］.规划师，2006，22（12）：85-88.

［47］李华珍.桂峰传统聚落空间意象的探析与保护［J］.福建师范大学学报（哲学社会科学版），2012（3）：112-118.

［48］王思荀，翟辉，迟辛安.剑川沙溪镇聚落意象探析［J］.华中建筑，2012，30（4）：163-165.

［49］刘祎绯，周娅茜，郭卓君，等.基于城市意象的拉萨城市历史景观集体记忆研究［J］.城市发展研究，2018，25（3）：77-87.

［50］乔治，贾新新，黄镜帆，等.集体记忆视角下西安纺织城工业社区适老化空间活化及设施更新研究［J］.工业建筑，2020，50（2）：89-97.

［51］陆敏，汤虞秋，陶卓民.基于认知地图法的历史街区居民集体记忆研究——以常州青果巷历史街区为例［J］.现代城市研究，2016（3）：127-132.

［52］周芳，郭谦.基于集体记忆的广州传统社区保护更新设计研究——以广州泮塘片区更新设计为例［J］.城市建筑，2019，16（34）：173-176+180.

［53］孙月.因人而在：基于集体记忆载体的城市历史保护与更新规划——以汉口为例［J］.华中建筑，2016（7）.

[54] 吴敏，王琳. 记忆的缝合：城市非典型风貌区旧城更新景观规划 [J]. 规划师，2014（2）：48-52.

[55] 陈晓，陆邵明. 基于记忆诠释的公共空间营造——以于城粮站街区改造设计为例 [J]. 现代城市研究，2019（11）：48-55.

[56] 孔翔，卓方勇. 文化景观对建构地方集体记忆的影响——以徽州呈坎古村为例 [J]. 地理科学，2017，37（1）：110-117.

[57] 林琳，曾永辉. 城市化背景下乡村集体记忆空间的演变——以番禺旧水坑村为例 [J]. 城市问题，2017（7）：95-103.

[58] 罗丰. 什么是华夏的边缘——读王明珂《华夏边缘：历史记忆与族群认同》 [J]. 中国史研究，2008（1）：163-172.

[59] 陈丽. 村庄集体记忆的重建——以安徽宅坦村为例 [J]. 安徽行政学院学报，2012（3）：68-73.

[60] 庞娟. 城镇化进程中乡土记忆与村落公共空间建构——以广西壮族村落为例 [J]. 贵州民族研究，2016，37（7）：60-63.

[61] 苗长松. 旅游开发与传统地域文化保护关系初探 [D]. 上海：华东师范大学，2011.

[62] 周玮，黄震方. 城市街巷空间居民的集体记忆研究——以南京夫子庙街区为例 [J]. 人文地理，2016（1）：42-49.

[63] 汪芳，严琳，吴必虎. 城市记忆规划研究——以北京市宣武区为例 [J]. 国际城市规划，2010，25（1）：71-76.

[64] 魏敏，孙甜，钱云. 旅游发展对传统聚落空间集体记忆的影响研究——以京西、黔中四村为例 [J]. 住区，2019（5）：61-69.

[65] 杨若凡，钱云. 旅游影响下北京郊区传统村落空间集体记忆研究——以爨底下村、古北口村、灵水村、琉璃渠村为例 [J]. 现代城市研究，2019（8）：49-57+74.

[66] 李凡，朱竑，黄维. 从地理学视角看城市历史文化景观集体记忆的研究 [J]. 人文地理，2010，25（4）：60-66.

[67] 王丽敬. 基于城市记忆的北京历史街区保护更新方法研究 [D]. 北京：北京

工业大学，2017.

［68］张权，钱云.集体记忆视角下鄂西土家族传统村落环境特征研究——以利川市鱼木村为例［J］.建筑创作，2020（2）：190-201.

［69］王晓春，钱蕾西，孙甜，等.黔中传统聚落空间集体记忆研究——以鲍家屯、高荡两村为例［J］.建筑创作，2020（1）：18-25.

［70］丁伟健，刘峰.集体记忆视角下的历史文化街区保护与更新［J］.建筑与文化，2022（2）：207-210.

［71］钱莉莉，张捷，郑春晖，等.地理学视角下的集体记忆研究综述［J］.人文地理，2015，30（6）：7-12.

［72］李晓鹏.集体记忆视角下的城市公共空间设计研究［D］.重庆：重庆大学，2017.

［73］杨雪.基于集体记忆研究的长辛店老镇及周边保护更新规划设计［D］.北京：北京林业大学，2019.

［74］王晓冬，刘鑫.基于城市记忆延续的工业遗产更新策略研究［J］.建筑与文化，2021（11）：159-160.

［75］安宏清.京西古村落——灵水［J］.北京档案，2013（2）：45-46.

［76］业祖润，欧阳文，林川.北京川底下古山村环境与山地四合院民居探析［J］.古建园林技术，1999（2）：33-38.

［77］孙克勤.千年古村落京西看灵水［J］.北京规划建设，2005（5）：80-86.

［78］刘德才.灵水村传统村落之瑰宝［J］.北京观察，2015（4）：30-31.

［79］本刊编辑部，王利华.千年文脉灵水村［J］.中国建设信息，2013（9）：42-43.

［80］潘运伟，姜英朝，胡星.京西古村落遗产旅游可持续发展探索——以爨（川）底下村为例［J］.北京社会科学，2008（3）：26-30.

［81］孙克勤.川底下村遗产开发之忧［J］.北京规划建设，2005（3）：88-91.

［82］风水宝地——爨底下村［J］.小城镇建设，2015（1）：14-15.

［83］中国古村落住区环境研究——以贵州安顺鲍家屯为例［J］.城市发展研究，2012，19（12）：174.

［84］李婧，韩锋.贵州鲍家屯喀斯特水利坝田景观的传统生态智慧［J］.风景

园林，2017（11）：93-98.

[85] 周政旭，孙海燕，王慧 . 典型黔中屯堡民居类型研究 [J] . 南方建筑，2018（4）：82-87.

[86] 秦坤 . 从鲍家屯水利看山地江河文化与民族文化的互动 [J] . 贵州民族研究，2017，38（6）：62-66.

[87] 杜佳，王佳蕾 . 生存与适应视角下的布依族聚落营建——以贵州安顺镇宁高荡村为例 [J] . 建筑与文化，2017（11）：93-95.

[88] 周政旭，李敬婷，钱云 . 贵州安顺屯堡聚落文化景观的特征与价值分析 [J] . 贵州民族研究，2019，40（5）：56-61.

[89] [美] 凯文·林奇 . 城市意象 [M] . 北京：华夏出版社，2001.

[90] YAYLALI-YILDIZ B，SPIERINGS B，ÇIL E. The spatial configuration and publicness of the university campus：interaction，discovery，and display on De Uithof in Utrecht [J] . URBAN DESIGN International，2022，27（1）：80-94.

[91] 陈义勇 . 城市社区公共空间活动量的影响因素 [J] . 深圳大学学报（理工版），2016，33（2）：180-187.

[92] SUN Y，YUAN Y. External Connectivity Evaluation of Community Open Spaces for Older Adults [J] . Journal of Aging and Physical Activity，Human Kinetics，2023，31（4）：576-588.

[93] YU B，SUN W，WU J. Analysis of Spatiotemporal Characteristics and Recreational Attraction for POS in Urban Communities：A Case Study of Shanghai [J] . Sustainability，2022，14（3）：1460.

[94] PAN M，SHEN Y，JIANG Q，et al. Reshaping Publicness：Research on Correlation between Public Participation and Spatial Form in Urban Space Based on Space Syntax：A Case Study on Nanjing Xinjiekou [J] . Buildings，2022，12（9）：1492.

[95] LI B，WANG J，JIN Y. Spatial Distribution Characteristics of Traditional Villages and Influence Factors Thereof in Hilly and Gully Areas of Northern Shaanxi [J] . Sustainability，2022，14（22）：15327.

［96］CHEN Z, LIU Y, FENG W, et al. Study on spatial tropism distribution of rural settlements in the Loess Hilly and Gully Region based on natural factors and traffic accessibility［J］. Journal of Rural Studies, 2022, 93: 441-448.

［97］ROTH A R, PENG S. Streams of interactions: Social connectedness in daily life ［J］. Social Networks, 2024, 78: 203-211.

［98］FÉLIX L, ORGANISTA M. Understanding the neighborhoods' in-between spaces on spatial perception, social interaction, and security［J］. Frontiers of Architectural Research, 2024, 13（1）: 21-36.

［99］KAN B, XIE Y. Impact of sports participation on life satisfaction among internal migrants in China: The chain mediating effect of social interaction and self-efficacy［J］. Acta Psychologica, 2024, 243: 104139.

［100］LIU T, CHAI Y. Daily life circle reconstruction: A scheme for sustainable development in urban China［J］. Habitat International, 2015, 50: 250-260.

［101］LIU Z, LI J, XI T. A Review of Thermal Comfort Evaluation and Improvement in Urban Outdoor Spaces［J］. Buildings, 2023, 13（12）: 3050.

［102］WANG S, YUNG E H K, SUN Y. Effects of open space accessibility and quality on older adults' visit: Planning towards equal right to the city［J］. Cities, 2022, 125: 103611.

［103］ZHAO X, JU S, WANG W, et al. Intergenerational and gender differences in satisfaction of farmers with rural public space: Insights from traditional village in Northwest China［J］. Applied Geography, 2022, 146: 102770.

［104］IACHINI T, COELLO Y, FRASSINETTI F, et al. Peripersonal and interpersonal space in virtual and real environments: Effects of gender and age ［J］. Journal of Environmental Psychology, 2016, 45: 154-164.

［105］MA L, LIU S, TAO T, et al. Spatial reconstruction of rural settlements based on livability and population flow［J］. Habitat International, 2022, 126: 102614.

［106］SCANNELL L, GIFFORD R. Place Attachment Enhances Psychological Need

Satisfaction［J］. Environment and Behavior，2017，49（4）：359-389.

［107］MORAN M，VAN CAUWENBERG J，HERCKY-LINNEWIEL R，et al. Understanding the relationships between the physical environment and physical activity in older adults：a systematic review of qualitative studies［J］. International Journal of Behavioral Nutrition and Physical Activity，2014，11（1）：79.

［108］GARRETT J K，WHITE M P，HUANG J，et al. Urban blue space and health and wellbeing in Hong Kong：Results from a survey of older adults［J］. Health & Place，2019，55：100-110.

［109］MCPHEE J S，French D P，Jackson D，et al. Physical activity in older age：perspectives for healthy ageing and frailty［J］. Biogerontology，2016，17（3）：567-580.

［110］蒋苑，颜可昕，潘征. 基于留守儿童环境需求的乡村景观改造研究［J］. 乡村科技，2018（36）：18-19.

［111］POITRAS V J，GRAY C E，BORGHESE M M，et al. Systematic review of the relationships between objectively measured physical activity and health indicators in school-aged children and youth［J］. Applied Physiology，Nutrition，and Metabolism，2016，41［6（Suppl. 3）］：S197-S239.

［112］MCMAHON E M，CORCORAN P，O'REGAN G，et al. Physical activity in European adolescents and associations with anxiety，depression and well-being［J］. European Child & Adolescent Psychiatry，2017，26（1）：111-122.

［113］ALIYAS Z. A qualitative study of park-based physical activity among adults［J］. J Public Health，2020.

［114］卢健松，姜敏，苏妍，等. 当代村落的隐性公共空间：基于湖南的案例［J］. 建筑学报，2016（8）：59-65.

［115］寇怀云，魏程琳. 私人庭院到公共景观——乡村庭院景观的公共性与宜居社区建设［J］. 中国园林，2022，38（9）：46-50.

［116］LATHAM A，LAYTON J. Social infrastructure and the public life of cities：

Studying urban sociality and public spaces［J］. Geography Compass，2019，13（7）：e12444.

［117］NIE C，LIU Z，YANG L，et al. Evaluation of Spatial Reconstruction and Driving Factors of Tourism-Based Countryside［J］. Land，2022，11（9）：1446.

［118］FELIPE SOBCZYNSKI G，TSCHÖKE SANTANA D，RECHIA S. Sustainable Village Project：the importance of leisure and public space for collective organization［J］. Leisure Studies，Routledge，2023，42（3）：397-412.

［119］WANG X，ZHU R，CHE B. Spatial Optimization of Tourist-Oriented Villages by Space Syntax Based on Population Analysis［J］. Sustainability，2022，14（18）：11260.

［120］VILLA M. Local Ambivalence to Diverse Mobilities-The Case of a Norwegian Rural Village［J］. Sociologia Ruralis，2019，59（4）：701-717.

［121］戴菲，章俊华. 规划设计学中的调查方法——认知地图法［J］. 中国园林，2009，25（3）：98-102.

［122］HOELSCHER S.，ALDERMAN D.H. Memory and Place：Geographies of a Critical Relationship［J］. Social & Cultural Geography，2004（3）：347-353.

［123］NILSSON PA. Staying on farms：An ideological background. Annals of Tourism Research，2002，29（1）：7-24.

［124］CHEN X. A phenomenological explication of guanxi in rural tourism management：A case study of a village in China. Tourism Management，2017，63（3）：383-394.

［125］CEVAT TOSUN. Limits to Community Participation in the Tourism Development Procession Developing Countries［J］. Tourism Management，2000，21.（6）.

［126］保继刚，孙九霞. 社区参与旅游发展的中西差异［J］. 地理学报，2006，61（4）：401-413.

［127］孙九霞，保继刚. 从缺失到凸显：社区参与旅游发展研究脉络［J］. 旅游

学刊，2006（7）：63-68.

[128] 郑艳芬，王华.历史城镇旅游商业化的创造性破坏模型——以乌镇为例
［J］.旅游学刊，2019，34（7）：124-136.

[129] 杨昀，保继刚.旅游大发展阶段的治理困境——阳朔西街市场乱象的特征及
其发生机制［J］.旅游学刊，2018（11）：16-25.

[130] 陶伟，岑倩华.历史城镇旅游发展模式比较研究：威尼斯和丽江［J］.城市
规划，2006（5）：76-82.

[131] ANDERECK K L，VALENTINE K M，KNOPF R C，et al. Residents'
perceptions of community tourism impacts［J］. Annals of Tourism Research,
2005，32（4）：1056-1076.

[132] 施卫良.城乡规划变革与北京长辛店老镇复兴计划［J］.北京规划建设,
2015（5）：6-9.

[133] 杨松.北京长辛店老镇复兴计划［J］.人类居住，2015（01）：3.

[134] 路林，杨松，李哲.长辛店老镇：历史·现状·未来［J］.北京规划建设,
2014（6）：93-98.